TOUT EST CHIMIE DANS NOTRE VIE

MAI THI NGUYEN-KIM

TOUT EST CHIMIE DANS NOTRE VIE

DU SMARTPHONE AU CAFÉ ET MÊME AUX ÉMOTIONS : LA CHIMIE EXPLIQUE VRAIMENT TOUT !

Traduit de l'allemand
par Marie-Céline Trivier-Georg

Illustrations de Claire Lenkova

humenSciences

Prolongez l'expérience avec la newsletter de Cogito sur www.humensciences.com

1re édition allemande publiée par Droemer Verlag sous le titre *Komisch, alles chemisch!*
Comme spécifié dans l'édition allemande originale :

Cet ouvrage a été proposé à l'éditeur français par l'agence EDITIO DIALOG, Michael Wenzel (www.editio-dialog.com).

Avec le soutien du Centre National du Livre.

ISBN : 978-2-3793-1057-7

Dépôt légal : septembre, 2019

170 bis, boulevard du Montparnasse, 75014 Paris
Tél. : 01 55 42 84 00
www.humensciences.com

À maman

Mes parents sont les meilleurs parents du monde. J'emploie rarement de tels superlatifs, mais pour eux, je peux me le permettre sans hésitation. Ils ont fait équipe, lutté ensemble, bâti un foyer dans un pays qui leur était étranger, et mis leurs propres intérêts de côté pour nous offrir, à mon frère et à moi, la vie privilégiée dont nous profitons aujourd'hui. Souvent, je ne parle que de mon papa, qui est non seulement un merveilleux père, mari (et chimiste), mais aussi celui qui nous a tellement inspirés, mon frère et moi, que nous sommes aussi devenus chimistes tous les deux. Cependant, c'est à ma maman que je voudrais dédier ce livre. C'est elle qui m'a le plus marquée, elle qui a décidé de rester à la maison pour s'occuper avec tendresse et dévouement de ses deux enfants. C'est elle qui m'a donné chaque jour des câlins, des encouragements et de la motivation. Ses années d'engagement maternel ont fait de moi la personne que je suis maintenant. Sans ma maman, ce livre n'existerait pas : si votre lecture vous plaît, c'est elle que vous pouvez remercier.

SOMMAIRE

AVANT-PROPOS 9

1. TOC – TROUBLE OBSESSIONNEL CHIMIQUE 13
2. CAUSE DU DÉCÈS : LE DENTIFRICE 31
3. HALTE AU CHIMISME ! 47
4. RESTER ASSIS TUE PLUS QUE LE TABAC 67
5. LE CHAOS, C'EST NATUREL 79
6. ET MOI, QU'EST-CE QUE J'Y GAGNE ? 101
7. BÉBÉS DINOS ET CHEESEBURGER IMMORTEL 125
8. COMPATIBILITÉ COVALENTE 149
9. LA CHIMIE, QU'EST-CE QUE ÇA PUE ! 163
10. IL Y A QUELQUE CHOSE DANS ~~L'AIR~~ L'EAU 177
11. THÉRAPIE CULINAIRE 191
12. QUAND LA CHIMIE OPÈRE 215
13. LA PASSION DE L'OBJECTIVITÉ 225

BIBLIOGRAPHIE 245

INDEX 259

TABLEAU PÉRIODIQUE DES ÉLÉMENTS 265

AVANT-PROPOS

Bébé, j'étais plutôt moche. Lorsque je suis venue au monde, j'avais la jaunisse et je refusais d'avaler quoi que ce soit. Très inquiets, mes parents ont tout fait pour me nourrir un maximum – même longtemps après ma guérison. Je suis donc devenue un très très gros bébé. En plus, la façon dont mes premiers cheveux ont poussé faisait penser à la coiffure d'un vieil homme aux tempes dégarnies, mais en version asymétrique. Pour mes parents, naturellement, j'étais le plus beau bébé du monde.

En tant que chimiste, j'ai parfois l'impression d'être face à la chimie comme la mère d'un enfant très laid, qui est la seule à voir sa beauté. Pour la plupart des gens, la chimie, c'est mauvais, toxique, artificiel. Ou bien c'est la matière qu'on détestait le plus à l'école et qu'on avait hâte d'abandonner. Convaincre ces personnes que mon bébé est beau, c'est une science en soi.

Dans le meilleur des cas, les gens n'ont aucune idée de ce qu'est la chimie. Ils ouvrent de grands yeux et m'interrogent avec une certaine perplexité : « Mais ça sert à quoi, la chimie ? »

Parfois, j'ai une furieuse envie de les attraper par les épaules et de les secouer en hurlant : « À TOUT ! La chimie est PARTOUT ! » La bonne cuisine, par exemple, est l'une des choses que j'ai associées le plus tôt à la chimie. Comme je l'ai dit, mon père est chimiste. Et c'est aussi un excellent cuisinier. Il m'a expliqué que tous les chimistes étaient de bons cuisiniers. Pour lui, ceux qui ne savent pas cuisiner ne sont pas de bons chimistes. À 13 ans, lorsque j'ai commencé à m'intéresser aux cosmétiques, là encore, mon père m'a tout expliqué. Par exemple à quoi ressemblent des pigments colorés, comment fonctionne la laque pour cheveux, ou encore quel est le pH de la crème pour le visage. La chimie a toujours fait partie de ma vie et de mon quotidien.

Depuis mes études de chimie, je suis irrécupérable. Que ce soit en buvant un café, en me brossant les dents ou en faisant du sport, je pense récepteurs de l'adénosine, fluor ou enzymes métaboliques. Quand je me promène au soleil, je pense mélanine et vitamine D ; quand je fais cuire des nouilles, je pense augmentation du point d'ébullition et polymères d'amidon. D'ailleurs, je cuisine plutôt bien. Sinon, je ne serais pas une bonne chimiste.

Les gens se font une idée très personnelle non seulement de la chimie, mais aussi des personnes qui la pratiquent. « Tu ne ressembles pas à une chimiste », me dit-on souvent. Avec le succès d'une série comme *The Big Bang Theory*, les *nerds* – ces fous de sciences doués, mais solitaires – sont certes devenus plus fréquentables, mais de nombreux clichés se sont manifestés, par exemple l'idée que les compétences professionnelles sont incompatibles avec les compétences sociales. Et ce n'est que l'un des préjugés contre lesquels nous autres scientifiques devons nous battre. Les scientifiques sont des êtres mystérieux qui vivent dans des laboratoires ou entre des étagères chargées de livres. Personne ne sait à quoi nous ressemblons, si nous avons des distractions ou même des amis. D'ailleurs, est-ce que les scientifiques sont des êtres humains ? Hmm… On n'en sait rien, en fait.

Pendant mon doctorat, j'ai décidé de lever le voile sur la vie secrète des scientifiques avec ma chaîne YouTube, *The Secret Life of Scientists*. Dans ces vidéos, je voulais donner un visage à la science. Je voulais non seulement montrer que la science est super cool, mais aussi que les scientifiques sont des gens super cool. Cette mission est comme un projet de recherche assez complexe sur lequel je continue à travailler. Entre-temps, j'ai aussi commencé à produire la chaîne YouTube *maiLab* pour *funk*[1], et j'anime l'émission *Quarks*[2] sur la chaîne WDR.

Alors pourquoi un livre, en plus ? Parce que j'ai envie de m'amuser. Ce livre est une invitation à entrer dans mon univers de chimiste, qui vous donnera également un aperçu de mon quotidien de journaliste scientifique et de youtubeuse. Mais ce que j'aimerais avant tout, c'est vous inviter à regarder la chimie dans les yeux, pour céder à son attrait irrésistible. Et si ma confiance dans l'humanité et dans sa curiosité ne me trompe pas, après avoir lu ce livre, non seulement vous vous rendrez compte que tout est chimie dans notre vie (vraiment tout !), mais vous admettrez peut-être même que la science est une chose magnifique.

1. NdT : plate-forme en ligne des groupes de télévision publics allemands ARD et ZDF, destinée aux jeunes et aux jeunes adultes de 14 à 29 ans.

2. NdT : émission scientifique hebdomadaire.

1

TOC – TROUBLE OBSESSIONNEL CHIMIQUE

TUUT-TUUT-TUUT !!!

De frayeur, j'en tombe presque du lit. Mon cœur bat à tout rompre.

« Matthiiiiiiaaaaaaaaaaas ! »

J'aimerais m'indigner bruyamment, mais mon centre de la parole n'est pas encore assez réveillé. Mon corps se trouve dans un état étrange mêlant demi-sommeil et combat rapproché. Je me jette sur Matthias ou plutôt sur son téléphone, et je parviens tant bien que mal à éteindre cet abominable réveil. Bon sang, il n'est que 6 heures du matin !

Matthias a l'horrible habitude de se lever en pleine nuit pour aller courir, au moins deux fois par semaine. Cela veut malheureusement dire que je dois me réveiller un peu avant lui pour éviter de commencer ma journée par une décharge d'hormones de stress. Le matin, je préfère être réveillée par un tintement féerique à peine audible, sinon je me lève avec des palpitations. Matthias, en revanche, a besoin d'au moins 100 décibels et de cet horrible TUUT-TUUT-TUUT pour émerger. C'est pourquoi je règle généralement mon réveil une minute avant le sien, pour me préparer mentalement au stress imminent. Sauf qu'aujourd'hui, je ne savais pas qu'il avait prévu de faire du sport.

J'ouvre les rideaux en grand pour faire baisser son taux de mélatonine, et j'arrive enfin à articuler :

– Matthias…

– Hmm…, grommelle mon homme encore à moitié endormi.

Incroyable.

Le petit nom de la mélatonine, c'est l'hormone du sommeil. Elle est produite par une petite glande située au centre du cerveau, la glande pinéale ou épiphyse. La mélatonine mérite bien son surnom, puisqu'elle joue un rôle important dans notre rythme circadien (du latin *circa dies*, « autour du jour »), c'est-à-dire dans notre rythme interne d'éveil et de sommeil : plus le taux de mélatonine est élevé, plus on se sent fatigué. Mais en pratique, la lumière contribue à faire baisser sa concentration dans notre organisme. D'ailleurs, on dirait qu'elle commence lentement à faire effet sur Matthias.

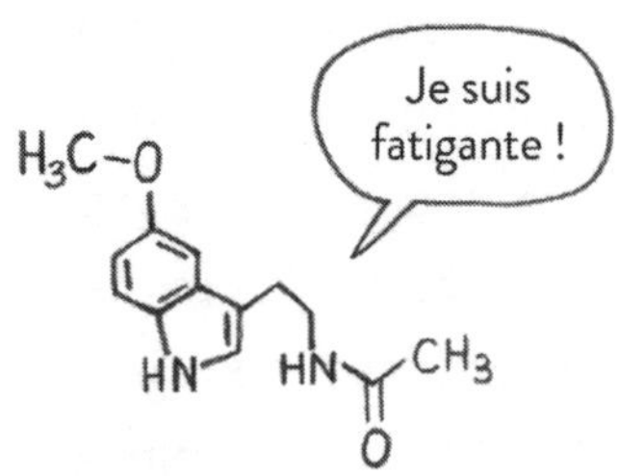

mélatonine

Voir le monde en molécules, c'est un peu mon obsession, mais une belle obsession. On pourrait dire que je souffre d'un TOC, un trouble obsessionnel chimique. Quand je m'imagine la vie des non-chimistes, sans une pensée pour les molécules, je trouve cela triste. Ils ne savent pas ce qu'ils manquent. En fin de compte, tout ce qui est intéressant s'explique d'une manière ou d'une autre par la chimie. Et vous aussi, qui lisez ces lignes, vous n'êtes rien d'autre que des tas de molécules qui lisent un texte sur les molécules. Et les chimistes sont des tas de molécules qui réfléchissent aux molécules. C'est presque spirituel, je trouve.

Alors, à quoi ressemble ma matinée en molécules ?

Pour décider si on va se lever du bon pied le matin, deux molécules entrent en jeu. Il nous faut moins de la première – la mélatonine –, et plus de l'autre – le cortisol, l'hormone du stress que notre corps sécrète automatiquement le matin. Ce surnom « hormone du stress » a l'air stressant, mais en quantité modérée, le cortisol nous aide simplement à démarrer. Et normalement, ce service très pratique de notre organisme n'a même pas besoin de réveil. Le TUUT-TUUT-TUUT était un peu excessif et a déclenché chez moi une authentique réaction de *fight-or-flight*, combat ou fuite – un système d'urgence ingénieux, qui a fait ses preuves depuis la nuit des temps pour affronter des dangers potentiellement mortels.

En fait, le stress est, comme la douleur, une réaction positive de notre corps : la douleur nous signale que quelque chose ne va pas, le stress nous sauve la vie. Imaginez que vous vous promenez en plein milieu de la Préhistoire et que vous tombez nez à nez avec un tigre à dents de sabre (qui n'était pas de la famille des tigres, mais c'est un nom plus impressionnant). Vous auriez l'air bête si votre corps ne sécrétait pas immédiatement une bonne dose d'hormone du stress vous incitant à réagir à toute vitesse – soit en dégainant votre lance (combat), soit en grimpant au premier arbre (fuite) !

Nous devons supposer que le tigre à dents de sabre, lui aussi, connaissait une réaction de combat-fuite. On ne sait pas vraiment si l'humain figurait au menu de ce félin à l'époque, mais après tout, les humains sont aussi des prédateurs et une telle rencontre était peut-être la confrontation de deux chasseurs qui s'inspiraient un respect mutuel. En tout cas, la réaction de combat-fuite est antérieure à l'apparition de l'espèce humaine, puisqu'on trouve ce système d'alarme chez de nombreux animaux. Et comment fonctionne-t-il ? Grâce à des molécules, naturellement.

D'abord, il faut réveiller les molécules qui somnolent dans notre organisme. À l'âge de la pierre, ce déclencheur pouvait être un tigre à dents de sabre ; aujourd'hui, c'est l'abominable réveil de Matthias, dont le signal sonore provoque une impulsion nerveuse qui part du cerveau vers les glandes surrénales via la moelle épinière. Avec l'épiphyse, les surrénales font partie des principales fabriques à hormones de notre corps. L'impulsion nerveuse ordonne aux surrénales de sécréter l'hormone de stress la plus connue, l'adrénaline. Celle-ci est immédiatement envoyée dans la circulation sanguine qui l'achemine vers les différents organes. Une hormone n'est rien d'autre qu'une substance messagère, c'est-à-dire une molécule qui transmet des messages importants. Dans le cas présent, le message est simple : PANIQUE GÉNÉRALE !

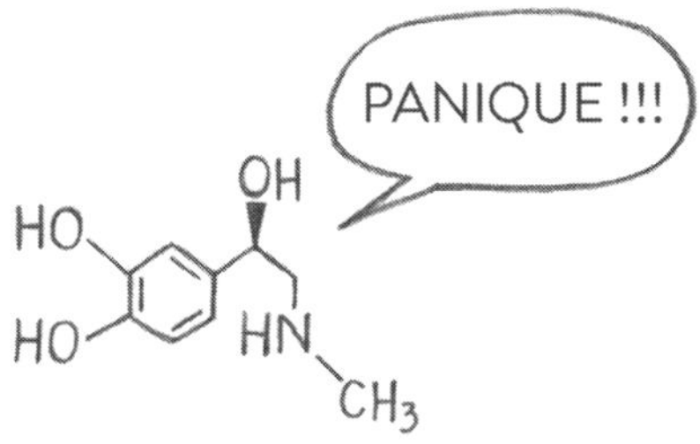

adrénaline

Alors que l'adrénaline se rue dans les vaisseaux sanguins à toute vitesse, mais en disparaît tout aussi vite, une autre hormone se prépare à la guerre du stress : l'ACTH (*Adreno Cortico Trophic Hormone*, adrénocorticotrophine) est sécrétée par l'hypophyse et, via la circulation sanguine, se rend vers les surrénales, le camp de base de la bataille du *fight-or-flight*.

À peine arrivée, elle y déclenche toute une chaîne de réactions chimiques. Je me l'imagine volontiers comme l'une de ces batailles épiques qu'on voit au cinéma : dès que l'éclaireur adrénaline a sonné l'alarme, l'ACTH est le général qui lance le premier cri de guerre, le poing dressé, pour mobiliser l'armée et donner le signal de l'assaut. Enfin, la deuxième hormone du stress, le cortisol, se lance à son tour dans la circulation sanguine et se dirige vers divers organes.

Les hormones peuvent déclencher une multitude de réactions dans le corps. Pour une réaction de combat-fuite, on peut citer l'accélération du rythme cardiaque, l'augmentation de l'irrigation sanguine des muscles (c'est-à-dire : COURS !), la baisse de l'irrigation sanguine du système digestif (autrement dit : laisse tomber, on a autre chose à faire dans l'immédiat !), une respiration plus profonde, des pupilles dilatées, des poussées de transpiration, la chair de poule et une attention accrue.

Maintenant que mon corps a réagi à la sécrétion des hormones du stress, je suis bien réveillée, mais la sensation de courir un danger mortel n'est pas vraiment agréable. Je ne peux pas en vouloir aux molécules : après tout, la chimie de notre corps vise à assurer notre survie. Les pauvres molécules du stress ne savent pas que le réveil de Matthias n'est pas une menace mortelle. Elles veulent juste m'aider.

Ce qui est dommage, c'est que notre vie moderne est pleine de stress, à l'école, au travail, dans nos relations avec les autres. Pourtant, la plupart de ces situations ne sont pas dangereuses pour notre survie – en tout cas pas à court terme. En revanche, le stress chronique est néfaste pour la santé. Pour éviter que nos molécules nous rendent complètement fous, notre système de gestion du stress est heureusement équipé d'une boucle de rétroaction négative qui empêche le corps de s'emballer et de céder à la panique. C'est notamment grâce au cortisol, l'hormone du stress qui a de la discipline : tandis que l'adrénaline disparaît de la circulation sanguine aussi vite qu'elle était apparue, le cortisol reste un peu plus longtemps dans l'organisme et finit par inhiber la sécrétion d'ACTH – donc sa propre production.

Pour moi, la chimie idéale du matin est très différente : alors que je dors encore, les premiers rayons du soleil traversent mes paupières et parviennent à ma rétine. Celle-ci est connectée au cerveau par le nerf optique. Là, mon épiphyse inhibe la production de mélatonine, l'hormone du sommeil. Comme elle est indirectement connectée au nerf optique, on l'appelle parfois aussi « troisième œil ». Cela peut sembler ésotérique, mais il y a une part de réalité dans ce qualificatif : chez les amphibiens, l'épiphyse est réellement une sorte de troisième œil, car elle est directement sensible à la lumière.

Pendant que mon taux de mélatonine baisse lentement, mon corps sécrète une agréable dose de cortisol. C'est ainsi qu'on se réveille de soi-même, dans le meilleur des cas.

Matthias est incroyablement sensible à la lumière quand il est question de sommeil. Il ne peut pas dormir sans masque de nuit. Comme celui-ci bloque toute la lumière, son taux de mélatonine ne baisse pas aussi vite le matin. L'obscurité artificielle est donc aussi perturbante pour notre rythme circadien que la lumière artificielle. Or notre vie moderne ne manque ni de l'une, ni de l'autre, ce qui dérègle notre horloge interne. Mon hypothèse est que Matthias n'aurait pas besoin de son abominable réveil s'il renonçait au masque de nuit. Lui pense que son système de production de mélatonine est trop sensible et qu'il ne dormirait jamais assez sans son truc cotonneux sur le nez.

Ce qui complique notre argumentation à tous les deux, c'est que la mélatonine n'est pas forcément une hormone du sommeil. Par exemple, le taux de mélatonine augmente aussi la nuit chez les animaux nocturnes – pour eux, c'est donc plutôt une « hormone de l'éveil ». À l'inverse, les souris de laboratoire produisent souvent très peu de mélatonine à cause d'une mutation génétique, ce qui ne les empêche pas de dormir. Quel renversement de situation ! Ce n'est donc pas à cause de la mélatonine qu'on se sent fatigué ? Eh bien, d'un autre côté, de nombreuses études prouvent que la mélatonine est utile pour soigner les insomnies ou les problèmes chroniques d'endormissement tardif. Hmm… Alors ? Les spécialistes du sommeil ne sont pas encore unanimes sur la relation entre la mélatonine et le sommeil. Tant qu'on ne saura pas si la mélatonine fatigue vraiment, Matthias et moi pourrons continuer à discuter de son masque de nuit.

Tenez, je vais vous révéler quelque chose dès ce premier chapitre : si vous voulez comprendre la science, vous devez arrêter de chercher des réponses simples. Cela peut sembler difficile, au premier abord, toutefois je vous promets que la pensée scientifique ne rend pas ce monde plus aride et sec, mais plus coloré et merveilleux (au sens propre du terme, plein de merveilles). Pour commencer, mettons-nous d'accord : la mélatonine n'est pas une « hormone du sommeil », mais plutôt une « hormone de la nuit », que le corps sécrète lorsque les yeux voient qu'il fait de plus en plus sombre.

En ce qui concerne Matthias et notre querelle personnelle sur la mélatonine, il faudrait une expérience à long terme pour faire la lumière sur la question (et sur la rétine de Matthias). Le problème, c'est que les expériences menées avec seulement deux participants n'ont pas d'intérêt statistique. Il ne nous reste donc qu'à discuter.

Je passe à la cuisine pour me préparer un café. Dans l'idéal, on ne devrait pas boire son premier café dès qu'on se lève, mais une heure plus tard. En effet, la dose matinale de cortisol est suffisante pour nous réveiller. La caféine incite aussi le corps à en produire. On pourrait se dire que c'est parfait pour augmenter notre niveau de cortisol naturel ! Malheureusement (ou heureusement), notre corps ne fonctionne pas comme cela : il aime conserver son équilibre. On peut donc s'attendre à ce qu'au fil du temps, il s'habitue à la dose de caféine en la compensant par une baisse de la production « maison ». Il vaut mieux attendre un peu que la poussée corporelle de cortisol soit retombée – ce qui prend environ une heure – avant d'en reprendre une dose avec le café.

Quant à moi, j'ai l'impression que tout mon cortisol matinal a été dilapidé en une minute : je prends donc mon café sans attendre, pour lutter contre la fatigue qui m'a déjà saisie.

Si vous n'avez pas trop chaud, servez-vous aussi une tasse de café, de thé ou de votre boisson chaude préférée pour la savourer tout en lisant. Il n'y a rien de mieux qu'une boisson chaude pour voir le monde en molécules. Lorsque je pose ma tasse de café fumante sur la table devant moi, le bois se réchauffe sous la tasse en peu de temps. Et si j'attends assez longtemps, le café finit par refroidir. Est-ce que vous vous êtes déjà demandé où passait la chaleur du café ?

Nous voilà en plein dans l'un de mes sujets préférés : le modèle des particules. Cela n'a pas l'air particulièrement captivant, mais attendez un peu, c'est la fascination garantie. Le modèle des particules dit que dans l'univers, toute matière est composée de particules. Il peut s'agir d'atomes, de molécules – en pratique, on n'a pas besoin de savoir à quoi ressemblent ces particules. Mais malgré cette approche très simplifiée, ce modèle est étonnamment efficace pour décrire une partie (une particule, ha ha) de notre monde, comme mon café.

Quand je bois un café, je bois des particules de café. Ou des particules de thé, selon la boisson. Imaginons que ces particules sont de minuscules billes invisibles à l'œil nu. En réalité, il s'agit majoritairement de molécules d'eau, d'un peu de caféine (ou de théine, mais c'est la même molécule), et de quelques autres molécules, par exemple des arômes. Ces particules sont en mouvement permanent. On peut même voir ce mouvement, alors qu'on ne peut pas voir les molécules à l'œil nu.

Comment ? C'est très facile : prenez un verre d'eau du robinet et versez-y une goutte de café (ça marche encore mieux avec de l'encre, mais si vous avez du café sous la main, profitez-en). Même si vous laissez le verre tranquillement posé sur la table, il ne faudra pas longtemps avant que la goutte de café soit totalement diluée dans l'eau, même sans remuer. Cette observation ne va peut-être pas vous sembler renversante, mais rendez-vous compte de ce qui se passe dans ce verre immobile ! Ça grouille, ça gigote, c'est la fiesta des particules ! C'est à cette fête invisible des particules que je voudrais vous inviter aujourd'hui, parce qu'ici commence la chimie.

Expérience n° 1

Une goutte de café ou d'encre dans un verre d'eau.

Le café ou l'encre se mélange dans toute l'eau.

D'ailleurs, le verre, la tasse à café, la table, le sol, l'air et même vous et moi, tout est composé de particules. Qui bougent aussi ! Il n'y a pratiquement jamais de particules immobiles. En ce moment, c'est la fiesta des particules partout, dans la tasse, sous vos pieds, dans votre corps… Mais on ne peut pas la voir.

On pourrait se demander à quoi sert d'imaginer un monde composé de particules si on ne les voit pas (mis à part que c'est une idée géniale, à mon avis en tout cas). Eh bien, par exemple, cela sert à expliquer les trois états de la matière : une substance est solide, liquide ou gazeuse en fonction du mouvement de ses particules.

Ma tasse à café est solide parce que ses particules bougent très peu. Elles sont reliées entre elles par des liaisons moléculaires. Nous reviendrons plus en détail sur les liaisons chimiques, mais pour l'instant, imaginons la situation des molécules comme celle du public à un concert de rock : pris dans la masse, les spectateurs peuvent à peine bouger, mais sautent et dansent autant que possible. Voilà à quoi peuvent ressembler les particules d'un corps solide comme une tasse à café.

Dans le contenu liquide de la tasse, les particules sont un peu plus mobiles parce qu'elles sont moins serrées, mais elles interagissent encore fortement. Au concert, ce serait le *mosh pit*, l'espace au pied de la scène où on saute dans tous les sens comme des fous. Quant aux molécules gazeuses de l'air que nous respirons, ce sont les plus agitées. Elles ne se soucient absolument pas de leurs voisines. Par comparaison, il faudrait multiplier la taille du terrain pour que tout le monde puisse courir librement et faire des cabrioles sans entrer en collision avec d'autres personnes.

Pour que la matière change d'état, il faut changer sa température, on le sait par exemple avec l'eau : si on chauffe de l'eau solide, c'est-à-dire de la glace, on obtient de l'eau liquide ; si on continue à chauffer, l'eau s'évapore et devient gazeuse. Dès que la vapeur d'eau entre en contact avec une surface froide, comme un miroir dans une salle de bain, elle se condense et redevient liquide ; et si on fait refroidir de l'eau, elle se transforme en glaçons solides.

C'est tellement évident que vous vous demandez pourquoi je vous raconte cela, non ? Parce que j'ai une autre révélation à vous faire : la température, ce n'est rien d'autre que le mouvement des molécules. Plus c'est chaud, plus elles s'agitent ; plus elles sont lentes, plus c'est froid. Est-ce que ce n'est pas génial d'avoir une définition moléculaire de la température ? Vous ne trouvez pas cela bien plus satisfaisant qu'un bête nombre sur un thermomètre ?

Maintenant, regardez votre tasse de café fumant : tout est plus clair. Le café est chaud, ce qui signifie que les molécules d'eau s'agitent rapidement et entrent en collision. Celles qui s'évaporent sont celles qui s'agitent tant et ont besoin de tellement de place qu'elles finissent par sortir de la tasse sous forme gazeuse.

Mais comment la chaleur du café se transmet-elle à la tasse, et de là, à la table de la cuisine ? La conduction thermique résulte des collisions entre les particules qui se transmettent de l'énergie cinétique (l'énergie du mouvement). Les particules de café foncent dans tous les sens et se cognent contre celles de la tasse. Comme avec des auto-tamponneuses, cela fait bouger les particules de la tasse un peu plus rapidement. À leur tour, les particules de la tasse se cognent contre celles de la table et les font bouger un peu plus fort. Et comme la conduction thermique va toujours du plus chaud vers le plus froid, la table se réchauffe sous la tasse.

Nous comprenons aussi pourquoi le café finit par refroidir : pour la même raison qu'un pendule finit par s'immobiliser.

À chaque collision, les particules se freinent mutuellement, jusqu'à ce que toutes soient arrivées à la température ambiante, c'est-à-dire à la « vitesse ambiante ».

Toutes les particules, tout l'univers et tout ce qu'il contient, suivent le premier principe de la thermodynamique : on peut l'assimiler ici au principe de conservation de l'énergie, qui dit qu'on ne peut jamais créer ou détruire de l'énergie, mais seulement la transformer. On peut aussi dire que la quantité totale d'énergie reste toujours constante. Lorsqu'une particule gagne de l'énergie, une autre doit perdre cette quantité. Quand une particule entre en collision avec une autre particule et lui transfère une partie de son énergie cinétique, cela fait accélérer la deuxième particule, mais la première doit ralentir en contrepartie. Sinon, on aurait créé de l'énergie à partir de rien, et ce n'est pas possible. Les lois thermodynamiques interdisent aussi la destruction d'énergie : c'est pour cela que les physiciens ou les chimistes s'énervent souvent quand on leur parle au quotidien de « gaspillage d'énergie » (si vous connaissez des chimistes ou des physiciens, essayez, pour voir).

Avant de vous emmener vivre la suite de ma journée, une dernière petite expérience mentale avec le modèle des particules, peut-être la plus intéressante : quel que soit l'endroit où vous vous trouvez, les objets qui vous entourent vous semblent plus ou moins chauds au toucher. Dans une pièce fermée, tous les objets sont pourtant à la même température, la température ambiante. Mais alors, pourquoi une cuillère en métal est-elle apparemment plus froide qu'une table en bois ?

Eh bien, il y a une chose dans la pièce qui n'est pas à la température ambiante : votre corps. Il est à une température supérieure à celle de la pièce, enfin je l'espère pour vous. Ce que vous ressentez quand vous touchez une cuillère ou une table, ce n'est rien d'autre que votre propre chaleur corporelle ! Si cette chaleur s'échappe rapidement, l'objet vous semble froid ; si elle se transmet plus lentement, l'objet paraît chaud.

Quand je prends une cuillère, les particules de ma main se cognent sur celles de la cuillère et les font vibrer. Plus les atomes métalliques de la cuillère vibrent rapidement, plus celle-ci se réchauffe. Or, le métal est un bon conducteur thermique : lorsque les particules de métal sont heurtées par les particules de mes doigts, le mouvement des collisions se transmet très bien au reste de la cuillère. C'est à cause des liaisons chimiques qui le composent – nous nous y intéresserons de plus près au chapitre 8. Pour l'instant, vous pouvez vous imaginer les liaisons du métal comme un treillis d'escalade en cordes. Quand un enfant saute sur un cordage ou le secoue, le mouvement se transmet rapidement à toute la structure. Un autre enfant situé à l'autre bout du jeu est directement secoué aussi. En même temps, le mouvement de l'enfant qui saute est atténué par la loi de conservation de l'énergie : en transmettant son énergie cinétique au cordage et à l'autre enfant, son mouvement s'amortit. D'un point de vue thermodynamique, il ralentit, perd de l'énergie, donc il refroidit.

Mais il existe aussi des jeux d'escalade faits de barres métalliques rigides : quand un enfant saute sur une barre, cela n'a pas autant d'effet sur un autre enfant perché sur le même jeu. Ses propres mouvements sont à peine atténués et transmis plus loin, c'est pourquoi il est plus rapide et se réchauffe davantage. Ce genre de structure ressemble à celle d'un mauvais conducteur thermique comme le bois. Quand on touche une table en bois, on ne fait vibrer que les particules de bois qui sont à proximité immédiate de la main. La vibration et le mouvement ne se transmettent pas aussi bien à travers le bois, qui semble alors plus chaud que la cuillère en métal.

Si la température n'est rien d'autre que le mouvement des particules, le deuxième principe de la thermodynamique devient plus facile à comprendre. Celui-ci dit que la chaleur va toujours du chaud vers le froid, jamais l'inverse.

Par exemple, quand on place une bouteille de cola dans un seau rempli de glaçons, ce n'est pas le froid des glaçons qui va dans la bouteille pour la rafraîchir, mais l'inverse : la chaleur de la bouteille passe dans les glaçons qui se réchauffent tandis que la bouteille refroidit.

Sachant cela, la prochaine fois que vous entendrez quelqu'un s'écrier : « Ferme la fenêtre, tu fais entrer le froid », vous ne laisserez pas passer cette ineptie thermodynamique et vous pourrez lui répondre : « Tu veux dire que je fais sortir la chaleur, plutôt ! » Et si vous vous énervez quand on vous parle de « gaspillage d'énergie », vous pouvez vous mélanger sans souci à un groupe de *nerds* : vous maîtrisez désormais les bases de la chimie physique, félicitations ! Et en moins de temps qu'il n'en faut pour boire votre café, probablement.

Matthias entre dans la cuisine et me caresse la tête pour s'excuser.

– Désolé, j'ai oublié de te prévenir que j'allais courir ce matin.

– C'est bon, il faut que je recale mon rythme de sommeil, de toute façon.

Même si je sais qu'en théorie, c'est mal, j'adore faire la grasse matinée le week-end. Je me fais alors subir un « décalage horaire social » : mon rythme circadien, lui, ne fait pas la différence entre la semaine et le week-end. Le week-end est une invention géniale, mais une invention moderne de la société à laquelle notre corps ne comprend rien. Notre taux naturel de mélatonine dépend plus ou moins du soleil. Pourtant, lorsque le soleil se lève, je suis morte de fatigue, et je me couche trop tard le soir. À force de vivre entre café, lumière artificielle et abominable réveil du matin, mon corps est perturbé par des stimulus contradictoires. Les chercheurs ont pu observer qu'au bout d'une semaine de camping en pleine nature, loin du café, de la lumière électrique et des téléphones portables, le cycle de la mélatonine se recalait sur celui du soleil. Dommage que je n'aime pas le camping.

Pourtant, il y a une chose qui est vraiment bizarre : notre horloge interne fonctionne aussi sans lumière, en principe. Sur cette planète où les journées durent seulement 24 heures, nous avons évolué vers un système interne calé sur des cycles de 24 heures, à peu près. La lumière nous aide à mettre notre horloge interne à l'heure exacte, c'est-à-dire à nous synchroniser sur la journée, et à nous remettre d'un décalage horaire, par exemple.

En 2017, le prix Nobel de médecine a été décerné à trois chercheurs américains qui ont décrypté notre horloge interne. Pour cela, ils ont placé des mouches drosophiles dans deux boîtes séparées, qu'ils ont étiquetées respectivement « New York » et « San Francisco ». Puis ils ont éclairé les boîtes suivant le rythme du soleil de ces deux villes. Régulièrement, ils mettaient quelques mouches dans un « avion » (un verre) pour les faire voyager vers l'autre « ville ». Les Américains ont alors observé comment les mouches supportaient le décalage de 3 heures qui sépare l'est et l'ouest de leur pays.

Ils ont découvert que notre horloge interne dépend essentiellement de deux gènes. Avec les gènes, la chimie devient vraiment passionnante ! Non seulement notre ADN est lui-même une molécule, mais il permet de fabriquer d'autres molécules vitales. À l'intérieur de nos gènes se trouvent toutes les informations dont nous avons besoin pour vivre, y compris celles de notre horloge interne. Ces informations codées sont lues et traduites sous la forme de protéines. En d'autres termes, les gènes ont le plan, les protéines l'exécutent (les protéines sont des molécules géniales dont nous reparlerons plus loin).

Les deux « gènes de l'horloge » produisent ainsi deux « protéines de l'horloge ». Au fil de la journée, la concentration de ces deux protéines dans le corps commence par augmenter. Mais ensuite, elles s'assemblent, et le tandem ainsi formé est alors capable de mettre en œuvre le véritable plan des gènes : inhiber leur propre production. Oui, vous avez bien lu. Ces protéines sont produites pour stopper leur propre production. Elles ont pour effet d'empêcher la lecture de leurs propres gènes. Comme avec le cortisol et le stress, nous avons ici une boucle de rétroaction négative. Lorsque la production des protéines de l'horloge cesse, leur concentration diminue. Arrive un moment où cette concentration est assez faible pour que la lecture des gènes redevienne possible – et la production des protéines recommence. Et ce cycle dure presque exactement 24 heures ! Le jour et la nuit sont codés dans nos gènes.

Pourtant, j'ai l'impression qu'il y a quelque chose qui cloche avec les miens. Je suis persuadée que mon corps est fait pour une journée de 30 heures : il me faudrait des journées bien plus longues, et beaucoup plus de sommeil. J'aimerais bien me faire examiner, un jour.

– Je dois y aller, déclare Matthias.

Mon téléphone se met à vibrer. Avec étonnement, je constate que c'est Christine. Déjà levée à cette heure ?

– Je crois que Jonas est mort, écrit-elle.

– Je t'appelle tout de suite.

Matthias, déjà en tenue de jogging, passe une dernière fois la tête par la porte ouverte et me demande s'il doit prendre sa clé.

– Non, ce n'est pas la peine. Et ferme la porte, s'il te plaît, toute la chaleur s'en va !

2

CAUSE DU DÉCÈS : LE DENTIFRICE

Tu es où ? dis-je à Christine lorsqu'elle décroche enfin son téléphone.

– En route pour le labo, répond-elle sur un ton énervé.

– Alors, qu'est-ce qui se passe avec Jonas ?

– Je sors de chez lui, dit-elle en reniflant.

– Tu as passé la nuit chez lui ? Mais comment…

Elle m'interrompt :

– Écoute, Mai, il utilise du DENTIFRICE NATUREL.

– Quoi ?

– Sans fluor.

Aïe. Jonas est un physicien très sympathique qui sort avec Christine depuis quelques semaines. Nous l'avions rencontré par l'intermédiaire de notre ami Hannes, lui aussi physicien. Même si Jonas est vraiment très séduisant, Christine ne s'était jamais spécialement intéressée à lui. Je la qualifierais de sapiosexuelle, c'est-à-dire qu'elle n'est attirée émotionnellement et physiquement que par les personnes intelligentes. Un jour, quand Hannes nous a raconté que Jonas était « un vrai cerveau » et qu'il avait toujours les meilleures notes aux examens, Christine est subitement tombée sous son charme. C'est donc d'autant plus terrifiant d'apprendre qu'il utilise du dentifrice sans fluor.

– Tu es sûre ? C'est peut-être à cause du tube, on voit tellement de marketing bio, ces derniers temps. Après tout, il existe aussi des dentifrices aux plantes qui contiennent du fluor.

– Non, c'est écrit en gros « SANS FLUOR » dessus. Et j'ai aussi lu la liste des ingrédients.

– Ah ah. Et qu'est-ce qu'il y a, s'il n'y a pas de fluor ? Qu'est-ce qu'ils ont mis pour le remplacer ? Est-ce que tu as…

– Ce n'est pas le problème, m'interrompt Christine.

Oh oh. Si elle n'a même pas envie de discuter des ingrédients, c'est vraiment sérieux. Elle poursuit :

– Je suis vraiment dégoûtée. Je crois que Jonas est mort pour moi.

« Cause du décès : le dentifrice », me dis-je. Ironiquement, c'est peut-être exactement ce que craint Jonas.

– Mais est-ce que tu lui as posé la question ? Il n'a peut-être pas fait attention en l'achetant.

– Il dit que le fluor calcifie l'épiphyse. Mais après, il n'a même pas su me dire où se trouve l'épiphyse !

Pff, ces physiciens, me dis-je, vraiment pas chimistes pour un sou.

– Hydroxyapatite, déclare Christine sans transition.

– Quoi ?

– Ce qui remplace le fluor dans ce dentifrice aux plantes. Ridicule, dit-elle en reniflant à nouveau.

– Tu veux dire hydroxyapatite, comme dans l'émail des dents ?

– Oui ! Pourquoi est-ce qu'on autorise ce genre de chose ?

– C'est intéressant…

– Fais-en une vidéo, me demande Christine. Je suis arrivée au labo, on parlera plus tard.

Une vidéo sur le fluor et le dentifrice, voilà une excellente idée, je trouve. Beaucoup de gens trouvent curieux que j'aie étudié la chimie et décroché un doctorat avant de me mettre à faire « des trucs dans les médias ». Mais c'est quelque chose que je fais avec conviction. En tant que scientifique, je ne suis pas obligée de mener seulement des recherches en laboratoire pour rendre service à l'humanité. Il est tout aussi important de parler de la science. Pour les profanes, c'est très difficile de trouver des informations scientifiques à la fois compréhensibles et correctes. Sur le net circulent des demi-vérités et de complets mensonges qui sont présentés d'une manière terriblement convaincante. Certes, on trouve des informations fiables dans les livres spécialisés et les résultats de recherches publiés dans les revues scientifiques, mais ces dernières surtout sont un vrai cauchemar à lire, même pour les experts. La science est comme un club élitiste qui utilise un langage codé. C'est normal que les experts utilisent leur langage technique entre eux. Mais il est absurde que le commun des mortels ne puisse pas le comprendre, parce que la majorité des recherches est financée par des fonds publics. Les contribuables ne peuvent donc pas savoir ce qu'on fait exactement avec leur argent. C'est pour cela qu'à mon avis, il devrait y avoir beaucoup plus de scientifiques sur YouTube et à la télévision, pour *traduire* ce code.

Pendant que je prends tranquillement mon petit déjeuner, commençons par la différence entre le fluor et le fluorure, l'ingrédient réel du dentifrice. C'est un thème parfaitement adapté à la poêle antiadhésive dans laquelle je suis en train de casser mon œuf – gardez cela en tête pendant que je récapitule…

Les fluorures sont une forme de l'élément fluor. Allez voir dans le tableau périodique des éléments (à la fin de ce livre, par exemple). Vous y trouverez le fluor (F) dans le septième groupe principal, celui dit des halogènes. Le fluor est un gaz dont l'odeur rappelle celle d'un autre halogène bien connu dans les piscines, le chlore – mais j'espère que vous n'aurez jamais l'occasion de la sentir, parce que le fluor est sacrément dangereux.

Qu'est-ce que je veux dire par « sacrément dangereux » ? Je veux dire qu'une quantité infime de gaz de fluor dans l'air suffit à irriter les yeux et les poumons. Ce comportement agressif est dû à la grande réactivité du fluor. Règle de base : plus une substance réagit facilement et rapidement avec une autre, plus elle est dangereuse, parce qu'elle est incontrôlable. Il existe d'autres raisons qui rendent les substances toxiques ou dangereuses, mais nous y reviendrons plus tard.

En tout cas, le fluor gazeux réagit avec l'eau pour former de l'acide fluorhydrique. En allemand, on l'appelle *Flusssäure*, un horrible mot avec trois « s », ce qui convient parfaitement à ses propriétés : si on s'en renverse un peu sur la main par accident, non seulement il irrite la peau, mais il pénètre allègrement jusqu'à l'os qu'il est capable de dissoudre. Par comparaison, d'autres acides dangereux tels que l'acide chlorhydrique (l'acide formé à partir du chlore) ont l'air assez inoffensifs.

Conclusion, évitez tout contact avec le fluor élémentaire (c'est-à-dire pur) et l'acide fluorhydrique ! Pour cela, faites bien attention… à rien. En effet, par chance, ces deux substances ne se trouvent pas dans la nature (ni dans le dentifrice) sous cette forme. C'est à cause d'une autre règle de base de la chimie : plus une molécule est réactive, plus elle est rare dans la nature. C'est logique, après tout. Puisque le fluor est tellement agressif qu'il réagit avec tout ce qui lui tombe sous la main, on peut supposer que tout le fluor présent dans les parages a déjà réagi avec quelque chose.

Cela dit, on peut fabriquer de l'acide fluorhydrique en laboratoire. Pas parce qu'une chimiste folle voudrait dominer le monde, mais à cause des œufs au plat. Dans un laboratoire, avec l'équipement adéquat, on peut chercher quel partenaire de réaction offrir à l'acide fluorhydrique. Si on fait le bon choix, on peut par exemple fabriquer du polytétrafluoroéthylène, ou PTFE, plus connu sous le nom de Téflon ! Nous voilà revenus à ma poêle et à mon petit déjeuner.

Mais que se passe-t-il avec les atomes de fluor qui se trouvent au fond de ma poêle ? Est-ce qu'il y a du fluor dans mes œufs ? Bonne question, n'est-ce pas ? Entrons dans les détails.

La plupart des éléments, même les plus réactifs et agressifs, ont également une forme stable sous laquelle ils sont non réactifs et « inertes ». C'est la composition interne d'un atome qui détermine s'il est plutôt agressif ou plutôt inerte. En chimie comme dans le reste de la vie, ce sont les valeurs intérieures qui comptent (enfin, presque toujours. Dans le modèle des particules, ce qu'il y a à l'intérieur des particules ne joue aucun rôle).

On se représente souvent les atomes comme les plus petites particules, les éléments les plus petits de notre univers. En fait, c'est faux. Les atomes eux-mêmes sont constitués de trois particules élémentaires différentes : les protons, les neutrons et les électrons. Les protons ont une charge électrique positive, les neutrons sont neutres, et les électrons ont une charge négative. L'ensemble de notre monde, dans toute sa diversité, est composé de ces trois « briques » seulement (un physicien ne serait pas d'accord, mais on n'est pas obligé de compliquer inutilement les choses). C'est stupéfiant, quand on y pense. Si je mélange des œufs, de la farine et du lait avant de les faire cuire, je peux obtenir des crêpes ou bien des spaetzle, selon les quantités et la manière de combiner les trois ingrédients. Mais même si les crêpes et les spaetzle sont deux plats différents, ils ont plus en commun que l'or et l'oxygène, par exemple. Pourtant, l'or métallique et l'oxygène gazeux sont eux aussi constitués de ces trois mêmes briques de base. Est-ce que ce n'est pas presque incroyable ?

Alors, qu'est-ce qui fait que l'or est de l'or et l'oxygène de l'oxygène, si ce ne sont pas les particules qui les constituent ?

La nature d'un élément dépend du nombre de protons qu'il contient. Pour savoir combien de protons contient un élément, il faut consulter le tableau périodique qui classe tous les éléments, mais en fonction de quoi ? C'est le numéro atomique qui donne l'ordre des éléments, et ce numéro atomique correspond au nombre de protons. Un coup d'œil dans le tableau suffit à nous révéler que l'oxygène est à l'emplacement n° 8, donc qu'il a 8 protons. L'or, lui, est dans la case n° 79, il compte donc 79 protons. Et c'est cette différence qui fait que l'oxygène est de l'oxygène et l'or de l'or.

Autrefois, les alchimistes, précurseurs des chimistes, cherchaient à transmuter des métaux courants en or. Aujourd'hui, on sait qu'il n'existe aucune technologie de laboratoire pour y parvenir. La raison réside dans la structure des atomes.

Masse d'un atome de carbone : 0,000 000 000 000 000 000 000 02 g

Vous connaissez peut-être ce genre de représentation :

Cette image nous dit qu'un atome se compose d'un noyau et d'un nuage d'électrons. Le noyau est constitué de protons chargés positivement et de neutrons électriquement neutres : globalement, le noyau est donc chargé positivement. Le nuage est composé d'électrons, chargés négativement, qui orbitent autour du noyau.

La masse d'un atome dépend seulement de son noyau, c'est-à-dire du nombre de neutrons et de protons. En effet, les électrons ne pèsent pratiquement rien, donc il n'est pas utile de prendre leur masse en compte. C'est comme si on pesait des éléphants qui ont une ou deux plumes posées sur le dos : on peut négliger le poids des plumes.

Un seul atome ne pèse pas très lourd, parce qu'il est minuscule, mais naturellement, les atomes ont aussi une masse, sinon ce livre – ou votre corps – n'aurait pas de masse.

Avec ses 79 protons, un atome d'or est nettement plus lourd qu'un atome d'oxygène qui n'a que 8 protons. S'y ajoutent les neutrons, qui pèsent chacun à peu près aussi lourd qu'un proton. En règle générale, chaque noyau d'atome possède autant de neutrons que de protons. Donc, globalement, un atome d'or est douze fois plus lourd qu'un atome d'oxygène.

À l'inverse, le volume d'un atome, c'est-à-dire sa taille, ne dépend pas du noyau, mais du nuage d'électrons. En effet, le noyau est tellement minuscule – par rapport à la taille déjà minuscule de l'atome – qu'on peut négliger son volume. C'est comme une barbe à papa : si la boule de filaments sucrés représente le nuage d'électrons, la tige en bois représente le noyau de l'atome. La taille de la barbe à papa dépend de la taille de la boule de filaments, pas du bâtonnet. Celui-ci peut être un peu plus épais ou un peu plus fin, cela ne fait pas de grande différence pour le résultat final. On se représente donc le noyau atomique comme une masse ponctuelle, c'est-à-dire une masse qui n'a pratiquement pas de volume, mais se concentre en un point minuscule.

La taille de l'atome est donc celle de son nuage d'électrons. Celle-ci dépend notamment du nombre d'électrons. En pratique, un atome standard a autant d'électrons que de protons. Ainsi, les charges négatives et positives s'annulent et on obtient un atome électriquement neutre. Le nuage électronique de l'atome d'or contient 79 électrons en orbite, tandis que celui de l'oxygène n'en a que 8. Et comme chaque électron a besoin de place, l'or a un nuage d'électrons plus grand que l'oxygène. Un atome d'or est ainsi plus de deux fois plus grand qu'un atome d'oxygène.

Voilà pour la masse et le volume des atomes. Et maintenant, passons à leurs propriétés les plus intéressantes, les propriétés chimiques ! Pour nous, le noyau de l'atome n'a ici aucun intérêt, car il ne participe pas aux réactions chimiques. Celles-ci se déroulent uniquement dans et entre les nuages électroniques. C'est pour cela qu'on ne peut pas transmuter du fer en or, parce qu'il faudrait pouvoir ajouter des protons au noyau de fer, ce qui est impossible. Modifier le nombre de protons d'un noyau n'est pas évident (à l'exception de la radioactivité, où des noyaux lourds et instables se désintègrent progressivement). Il est d'autant plus intéressant de s'occuper du nuage d'électrons. C'est là que les choses deviennent passionnantes !

Dans notre modèle d'atome précédent, nous avons vu que les électrons parcouraient une orbite autour du noyau. Mais c'était un modèle très simple. Comme avec le modèle des particules, il ne faut pas oublier qu'un modèle ne décrit jamais la réalité, mais en donne une représentation simplifiée. Les modèles ne sont jamais valables en général, mais seulement dans des conditions spécifiques (de la même manière que les modèles photographiés dans les revues ne représentent pas la réalité des humains, mais un cas particulier très agréable à regarder ou habilement retouché). Cela dit, comme vous l'aurez remarqué avec le modèle des particules, j'aime bien les modèles simples. Pourquoi se compliquer inutilement la tâche ?

Voici un modèle qui permet de bien comprendre les réactions chimiques, le modèle des couches (ou modèle de Bohr) :

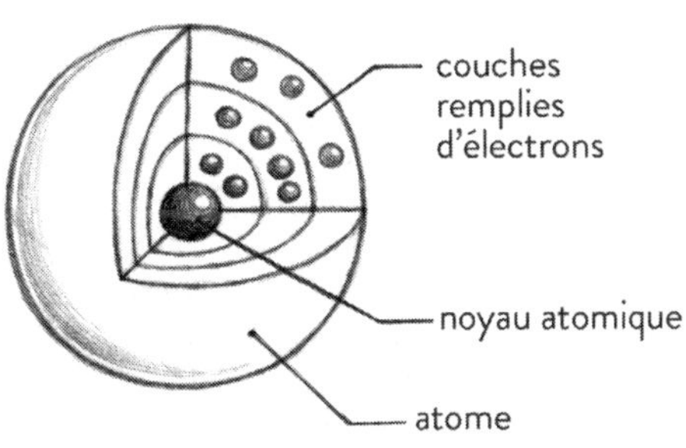

D'après ce modèle, les électrons ne tournent pas autour du noyau au gré de leur humeur, mais se placent en orbite à des distances bien définies. On peut imaginer ces distances comme les couches d'un oignon qui entourent le noyau (personnellement, je l'aurais appelé « modèle de l'oignon », mais on ne m'a pas demandé mon avis).

Tout comme la Terre et les autres planètes tournent autour du Soleil à des distances données, les électrons ne peuvent tourner autour du noyau qu'à des distances données. Mais pourquoi les autres distances sont-elles interdites ? Cela a à voir avec la mécanique quantique, car avec des particules aussi petites que les électrons, ce ne sont plus les règles de la physique classique qui s'appliquent, mais celles de la physique quantique.

Pour nous, il est très difficile de se représenter la physique quantique, parce que tout ce que nous voyons et vivons suit les règles de la physique classique. S'aventurer dans la physique quantique, c'est un peu comme se représenter une couleur qu'on n'a jamais vue. À la place, voici ce qu'on peut s'imaginer : les couches sont comme les rangées de sièges d'une salle de cinéma. On peut s'asseoir uniquement sur les fauteuils, pas entre les rangs (ce qui n'aurait aucun intérêt, parce qu'on aurait du mal à voir le film, assis par terre).

Ensuite, comment les rangées sont-elles occupées ? Pour chaque élément, les couches d'électrons sont remplies de l'intérieur vers l'extérieur. Dès qu'une couche est pleine, on passe à la suivante. Ce sont les électrons de la couche externe qui sont les plus importants, les électrons périphériques, aussi appelés électrons de valence. En effet, l'éloignement du noyau leur donne des propriétés particulières : plus les couches sont distantes du noyau, plus l'attraction entre le noyau chargé positivement et les électrons chargés négativement est faible. Par rapport aux électrons des couches intérieures, ceux de la couche périphérique (ou couche de valence) sont plutôt libres de leurs mouvements. Tandis que les électrons intérieurs sont lents et préfèrent rester à proximité de leur noyau positif, les électrons périphériques sont des compères extravertis, réactifs, qui participent volontiers aux réactions chimiques.

Indépendamment du fait que les électrons de valence sont les plus éloignés du noyau, il existe encore un facteur qui les rend agités : alors que les couches intérieures d'électrons sont pleines (tous les sièges sont occupés), dans de nombreux éléments, la couche de valence est partiellement vide. En effet, le nombre d'électrons est limité, il correspond comme on l'a dit au nombre de protons. Et alors ? Je pourrais dire que je n'ai rien contre le fait d'avoir une rangée pour moi toute seule au cinéma. Mais je ne suis pas un électron. Les électrons, surtout les électrons périphériques extravertis, détestent les rangées de sièges incomplètes ! Les atomes ont donc une idée fixe : ils veulent absolument compléter leurs couches d'électrons.

Ce désir s'exprime d'une manière très intéressante : les éléments dont la couche de valence comporte plusieurs places libres ne sont pas très agressifs. Mais s'il n'y a plus qu'une seule place libre, ou s'il n'y a qu'un seul électron dans la couche de valence, le malaise s'installe. Les éléments qui ont raté d'un rien la configuration parfaite sont les plus agressifs. C'est comme au championnat du monde de football : c'est le deuxième du classement qui a le plus de regrets, il est passé si près du titre.

Le tempérament chimique d'un atome dépend donc du nombre d'électrons de valence. Notre fluor en a sept, or il y a huit places dans sa couche de valence. Une seule place libre, voilà qui rend fou. Sans répit, le fluor cherche ce huitième électron chez d'autres atomes et molécules, et ne se calme que lorsqu'il a enfin complété sa dernière rangée de sièges.

Le fluor n'est pas le seul à avoir ce problème. Presque tous les éléments des groupes principaux du tableau périodique aimeraient avoir huit électrons de valence. C'est ce qu'on appelle la règle de l'octet. Le nom « règle de l'octet » est trompeur, parce qu'il ne s'agit pas d'une règle au sens d'une loi physique, mais seulement d'un modèle. Un modèle très pratique toutefois, étroitement lié à celui des couches électroniques. Grâce à la règle de l'octet, on peut non seulement expliquer quels sont les éléments les plus réactifs, mais aussi quels partenaires s'entendront particulièrement bien pour réagir. Chaque élément a des besoins, notamment satisfaire la règle de l'octet. Et pour répondre à ces besoins, il utilise des réactions chimiques et des liaisons (un peu comme chez les humains, en fait).

Le fluor est un peu comme un bébé affamé qui pleure. Dès qu'il sera rassasié, il se calmera complètement (les jeunes parents ne seraient peut-être pas totalement d'accord avec cette analogie…). Ainsi, dès que le fluor a pu nouer une liaison qui lui offre le huitième électron dont il avait tant besoin, il ne se passe plus grand-chose.

Qu'est-ce que cela signifie pour ma poêle ? Dans le cas du Téflon, le fluor est lié à du carbone, qui a la particularité de se montrer très généreux pour partager des électrons et des couches avec d'autres atomes (nous reviendrons sur ce type de liaison au chapitre 8). Il faudrait vraiment beaucoup d'énergie pour que le fluor quitte cet état bienheureux. En fait, il faudrait chauffer le Téflon à plus de 360 °C pour casser les liaisons ; or, la température maximale recommandée pour les poêles en Téflon est de 260 °C (d'ailleurs, la température optimale de cuisson de mon œuf au plat se situe autour de 83 °C, c'est là que le blanc se solidifie).

Selon la règle de l'octet, les atomes de fluor et de carbone de ma poêle ont obtenu tout ce qu'un élément peut souhaiter : une couche de valence remplie. La liaison chimique entre le fluor et le carbone forme un vrai couple modèle, dans lequel aucun des partenaires n'a d'yeux pour un autre atome ou une autre molécule. Même pas pour les protéines si séduisantes de l'œuf au plat qui grésille dans la poêle.

Quand de la nourriture attache au fond d'une poêle, ce n'est rien d'autre qu'une interaction entre les molécules de la poêle et celles de la nourriture. Mais le Téflon ne s'intéresse ni à mon œuf, ni à aucun autre aliment. De temps en temps, le fluor de ma poêle repense peut-être à sa folle jeunesse d'acide fluorhydrique, en se réjouissant d'avoir laissé cette époque derrière lui. « J'ai tout ce que je veux, laissez-moi tranquille », se dit-il tandis que mon œuf au plat murmure « Vous ne m'avez jamais vu, je ne suis jamais venu… » avant de glisser dans mon assiette sans laisser la moindre trace sur le Téflon.

Sous leur forme de fluorure, les atomes de fluor que contient le dentifrice sont tout aussi satisfaits de leur existence que ceux de ma poêle. Comme je l'ai déjà dit, un atome non chargé possède autant d'électrons que de protons, les charges électriques s'annulent mutuellement. Mais un atome peut aussi être chargé : c'est ce qu'on appelle un ion. Un ion négatif est appelé anion et se forme lorsqu'il y a plus d'électrons que de protons. En chimie, on signale les anions par le suffixe *-ure*. À l'inverse, un ion positif est un cation et se forme quand il y a moins d'électrons que de protons. Les noms de cations n'ont pas de suffixe spécifique. Dans le cas du fluorure, le suffixe -ure nous indique qu'il s'agit d'un ion négatif : quelqu'un a offert au fluor l'électron qui lui manquait pour compléter sa couche de valence. Avec une seule charge, l'anion fluorure respecte la règle de l'octet, ce qui le satisfait pleinement.

Mais comment parvient-il à ce bonheur ? Un candidat parfait pour la réaction est l'élément sodium, qui fait partie du premier groupe principal du tableau périodique, celui des métaux alcalins. Le sodium (Na, du latin *natrium*) est bien connu pour former le chlorure de sodium, notre sel de cuisine – qui ne contient pas de sodium élémentaire, d'ailleurs vous n'avez probablement jamais vu de sodium pur : tout comme on ne trouve pas de fluor élémentaire dans la nature, on n'y trouve pas de sodium élémentaire non plus.

Le sodium est un métal gris argenté si mou qu'on peut le couper au couteau. Sympa, non ? En fait, si on jette un morceau de sodium dans de l'eau, il réagit violemment (vous pouvez regarder des expériences sur YouTube, du moment que vous n'essayez pas de les reproduire à la maison). Le sodium est donc un élément très réactif, le partenaire parfait pour le fluor. En effet, l'atome de sodium, comme tous les métaux alcalins, ne possède qu'un seul électron sur sa couche de valence. Un électron esseulé qui préférerait encore quitter son atome plutôt que d'orbiter là tout seul. Cet électron veut donc quitter l'atome de sodium, et vite. Quelle bonne nouvelle de voir quelqu'un comme le fluor s'approcher ! C'est le moyen pour les deux atomes de respecter la règle de l'octet. Ensemble, ils forment un sel appelé fluorure de sodium, la substance qu'on trouve dans les dentifrices (c'est le même principe qui s'applique entre le sodium et le chlore pour former le chlorure de sodium, notre sel de cuisine).

Le fluor qu'on trouve dans le dentifrice n'est donc pas vraiment sous une forme réactive. Mais « non réactif » ne signifie pas automatiquement « non toxique ». Est-ce que c'est le cas du fluor ? Est-ce que le dentifrice pourrait vraiment être la cause du décès ? Et d'ailleurs, pourquoi y met-on du fluor ?

Puisque je vais me brosser les dents, allons clarifier les choses dans la salle de bain.

3

HALTE AU CHIMISME !

La salle de bain est un véritable laboratoire de chimie, ou du moins une armoire à produits chimiques. Mes amis non-chimistes trouvent l'analogie pas vraiment positive, tout cela leur semble assez toxique. C'est pour cela qu'il faut que je fasse un peu attention quand j'essaie de transmettre à des non-chimistes mon amour de la chimie. Même si, par exemple, le fluor et le sodium élémentaires sont des produits désagréablement agressifs, le mot « produit chimique » n'a rien de négatif en soi. Qu'ils soient toxiques, sains ou vitaux, il n'y a pas de produits non chimiques dans ce monde !

La chimie n'est pas forcément toxique, mais elle est plutôt contagieuse : mon père est chimiste, mon frère aussi. Christine, ma meilleure amie, est chimiste, et j'ai épousé un chimiste. Et je vous promets que nous sommes tous des gens normaux !

Mon papa a longtemps travaillé dans la recherche sur les cosmétiques capillaires. Nous flânions ensemble au supermarché en examinant les listes d'ingrédients. Parfois, il y avait dans un shampooing une substance qu'il avait mise au point en laboratoire. Mon papa est aussi celui grâce à qui je suis devenue chimiste des polymères. Un chimiste cynique dirait que les polymères, c'est du plastique. Quelle vision bornée ! Notre Téflon, le polytétrafluoroéthylène, est un polymère. Mais on peut aussi fabriquer des polymères biocompatibles, par exemple pour transporter des médicaments contre le cancer à l'intérieur du corps, ou comme base pour des organes artificiels. Non, ce n'est pas que du plastique !

Les polymères se définissent comme des molécules à longue chaîne. Ils se composent de nombreuses unités moléculaires plus courtes, les monomères, qu'on aligne pour former de longues chaînes. Les polysaccharides, c'est-à-dire les sucres ou glucides complexes, sont également des polymères. Ils ne sont donc pas forcément artificiels, on en trouve aussi partout dans la nature. Le bois et les plantes se composent par exemple de fibres de cellulose. Eh oui, ce sont aussi des polymères. Tout comme notre ADN. Mais ce qui est particulièrement chouette, c'est qu'on peut aussi fabriquer des polymères en laboratoire.

Par exemple, mon papa développait des polymères qu'on trouve dans les laques pour cheveux et les soins contre les pointes fourchues. Rien que pour cela, je trouvais déjà la chimie intéressante. En tant que chimiste, justement, je m'étonne de constater que la chimie est toujours considérée comme un domaine typiquement masculin. Parfois, j'entends des clichés comme : « Qu'est-ce qu'une chimiste fait sur YouTube ? Est-ce que ce ne sont pas juste des trucs de maquillage ? » Je ne comprends pas comment on peut s'intéresser à la cosmétique sans s'intéresser à la chimie. Même la fabrication de « cosmétiques naturels », comme les savons et produits à base d'ingrédients naturels, nécessite une compréhension de la chimie.

Mon tube de dentifrice est presque vide, j'en extrais les derniers restes sur ma brosse à dents pendant que mon estomac se charge de digérer l'œuf au plat, le café et le jus d'orange que j'ai avalés. Là, ils subissent l'inexorable destin du métabolisme, un spectaculaire feu d'artifice de réactions chimiques. Dans ma bouche aussi, il se passe des choses du point de vue chimique. Le pain et le jus d'orange en particulier contiennent une substance qui déclenche une réaction intéressante : du sucre. Il y a presque autant de sucre dans le jus d'orange que dans un cola. Quant au pain, il se compose aussi de glucides qui ne sont rien d'autre que des polymères de sucre.

Nous mangeons sans cesse du sucre, sous une forme ou une autre. Pas seulement parce que nous sommes des monstres de gourmandise, mais parce que notre corps transforme le sucre en énergie. Notre cerveau, en particulier, a besoin de sucre comme carburant. C'est pour cela qu'il nous a conditionnés à aimer le chocolat et les nounours gélifiés – ce qui tombe mal à notre époque où on trouve du chocolat et des nounours gélifiés à tous les coins de rue.

Nous ne sommes pas les seuls à aimer le sucre : les bactéries et les micro-organismes qui vivent sur nos dents s'en régalent aussi. Toi qui lis ces pages, tu as des centaines d'espèces de bactéries plein la bouche. D'accord, moi aussi. D'un seul baiser, nous échangeons des millions de bactéries via notre salive. Si vous trouvez cela dégoûtant, j'en suis désolée, mais en tant que chimiste, je suis ravie de pouvoir admirer le monde en miniature et de réfléchir à des choses qu'on ne peut pas voir à l'œil nu.

Sur nos dents, les bactéries vivent dans ce qu'on appelle la plaque dentaire. Il s'agit d'une couche fine, aqueuse, qui recouvre les dents. Les publicités pour les dentifrices et les bains de bouche affirment souvent qu'ils « éliminent la plaque dentaire ». Je ne voudrais pas gâcher leurs effets, mais il est impossible d'éliminer totalement la plaque dentaire. En revanche, on peut la modifier pour compliquer la vie des bactéries.

Quand on mange du sucre ou des glucides, les bactéries s'empressent d'en dévorer aussi, et en les digérant, elles pètent de l'acide. Ce n'est peut-être pas l'analogie la plus exacte, mais c'est comme cela que je l'ai expliqué à la fille d'une amie, âgée de cinq ans : elle a explosé de rire, mais depuis, il paraît qu'elle se brosse plus volontiers les dents (c'est donc une explication que je recommande). En vérité, les bactéries métabolisent le sucre, c'est-à-dire qu'elles le dégradent au moyen d'un processus chimique complexe. Tout comme les bactéries, nous avons aussi notre métabolisme, qui transforme par exemple les molécules de sucre en molécules d'acide, directement à la surface de nos dents.

L'émail des dents est essentiellement constitué d'un minéral nommé hydroxyapatite. Ha ha ! La revoilà, la substance qui remplace le fluor dans le dentifrice de Jonas. Drôle d'idée, se brosser les dents avec de la poudre d'émail dentaire… Non seulement c'est bizarre, mais ce n'est pas très efficace contre les caries. On le comprend bien quand on sait ce que sont les caries : l'hydroxyapatite de notre émail dentaire n'aime pas les acides, car elle se dissout à leur contact. Très lentement, certes, à la vitesse où se forment les caries, mais c'est déjà assez rapide pour nous.

Le sucre transformé en acide n'est pas le seul problème. De nombreux aliments contiennent déjà des acides, le jus d'orange par exemple. Acide + sucre, c'est deux fois pire pour les dents. Le café aussi est acide. C'est pour cela qu'il y a du fluor dans mon dentifrice, parce que je vais m'en servir pour empêcher mon émail dentaire de se dissoudre !

Au chapitre précédent, on a vu que le fluor du dentifrice se trouvait sous forme de fluorure, un ion négatif (anion). Dans l'hydroxyapatite de nos dents, on trouve aussi des anions, les ions hydroxyde. Mais le fluorure est assez petit pour se glisser partout, y compris à l'intérieur de l'émail dentaire. Lors du brossage des dents, il pénètre dans l'émail et expulse les ions hydroxyde. Cela semble méchant, mais en fait, c'est une bonne chose. En effet, cet échange crée à la surface des dents une mince couche d'un minéral plus dur et plus stable, la fluorapatite, beaucoup moins sensible aux acides. Les dents des requins sont composées presque à 100 % de fluorapatite : elles sont très solides et rendent les morsures de requin très douloureuses.

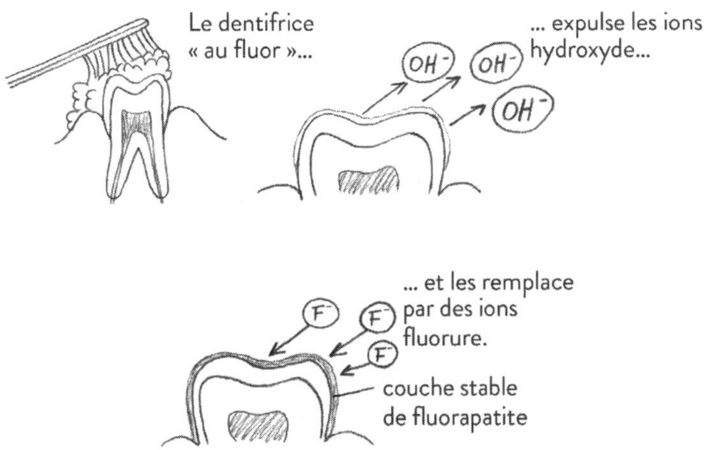

Et maintenant, comment fonctionne le dentifrice de Jonas sans fluor ? En un mot : pas très bien. Le fluorure y est remplacé par de l'hydroxyapatite, c'est-à-dire par le minéral de l'émail des dents. Puisque l'émail se dissout, rajoutons-en une couche, c'est l'idée. Or, on ne fabrique pas aussi facilement une couche de protection contre la plaque acide. Les caries se réjouissent, Christine se désespère, et Jonas s'imagine que le fluor calcifie l'épiphyse.

Mais indépendamment des caries, est-ce que le fluor des dentifrices est vraiment toxique ?

Comme le disait Paracelse – notez bien, voilà une phrase très importante –, c'est la dose qui fait le poison (la citation complète est : « Toute chose est poison, rien n'est sans poison ; c'est la dose qui fait qu'une chose n'est pas poison »).

Effectivement, on peut s'empoisonner avec les fluorures. La dose létale aiguë (c'est-à-dire mortelle en une fois) est de quelques grammes pour un adulte. Mais je ne vois aucun scénario réaliste dans lequel on pourrait être exposé à une telle dose hors d'un laboratoire. Même dans un concours d'ingestion de dentifrice, on vomirait avant d'atteindre la dose mortelle de fluor. Cependant, en cas de surdosage prolongé, on risque la fluorose du squelette, qui fragilise les os. Dans les aciéries et les fabriques de céramique, par exemple, on utilise des produits contenant du fluor, et le personnel risque de respirer ces particules pendant des années. Dans certaines régions très polluées (des enquêtes ont été réalisées en Chine ou à Mexico), l'eau peut avoir une forte teneur en fluor que les gens absorbent à long terme en buvant. Heureusement, les limites fixées pour l'eau potable sont respectées depuis longtemps en Allemagne (plus de détails au chapitre 10).

Et quand on se brosse les dents avec un dentifrice fluoré ? La dose de fluor est soigneusement étudiée et correspond à une concentration efficace, mais sans danger. Mon dentifrice dit « 1450 ppm F^- », c'est-à-dire qu'à peu près 1 particule sur 700 est un ion fluorure. Il n'en faut pas plus, car quelques ions fluorure à la surface des dents suffisent à les protéger efficacement contre les caries. Bien sûr, la même concentration dans l'eau potable serait beaucoup trop élevée, mais tout dépend du contexte. Le brossage des dents est une application locale d'une quantité raisonnable de dentifrice dont on recrache l'essentiel. À moins d'être un enfant qui aime manger du dentifrice. De toute façon, les enfants aiment manger toutes sortes de choses : mon frère, par exemple, adorait manger du sable quand mes parents avaient le dos tourné. C'est pour cela que les dentifrices pour enfants contiennent moins de fluor : on sait qu'il ne faut pas manger le dentifrice, mais que c'est difficile d'en empêcher les petits. En outre, ce sont les enfants qui sont les plus sensibles à ce qu'on appelle la fluorose dentaire : des taches sur l'émail des dents, blanches si on a de la chance, mais qui peuvent aussi avoir un aspect beaucoup plus disgracieux, jaune à brunâtre.

Résumons : dans les concentrations admissibles pour le dentifrice, le fluor est bon contre les caries, mais en quantités plus importantes, il présente un risque de fluorose. Quant à la crainte de Jonas sur la calcification de l'épiphyse, c'est une autre paire de manches. Elle semble étonnamment répandue et fait partie de ces étranges phénomènes du net, où des inquiétudes sans fondement scientifique mijotent et prolifèrent sur des forums et des groupes Facebook. « Le fluor calcifie l'épiphyse ! » « Le fluor calcifie le cerveau ! » « Le fluor rend stupide ! » – voilà les résultats qui fleurissent dans une recherche Google. Souvent, les sites font référence à des études scientifiques, mais quand on y regarde de plus près, on n'y trouve aucune confirmation de ces craintes. Même si les études scientifiques sont une base d'argumentation sensée, les choses peuvent devenir problématiques quand des profanes les citent à tort et à travers. Les publications scientifiques ne sont pas écrites pour des non-spécialistes ou le grand public. Elles servent à communiquer entre experts et permettent des échanges détaillés au niveau le plus pointu d'une discipline. Si ces études ne sont pas traitées correctement par des journalistes scientifiques, le risque est grand que des non-experts ne les comprennent pas correctement ou en fassent une mauvaise utilisation.

La peur de la calcification de l'épiphyse par le dentifrice repose – quand on se penche sérieusement sur la question – sur un petit nombre d'études plus que douteuses. La principale suspecte est probablement une étude de long terme sur des femmes enceintes à Mexico. La forte concentration de fluor dans l'eau potable et l'environnement s'y accompagnait d'une multitude d'autres pollutions, notamment une forte concentration de plomb. Chez les enfants, on a constaté ensuite une légère réduction du QI, mais avec une très forte dispersion statistique. Il faudrait réaliser d'autres expériences avant de pouvoir émettre des hypothèses fondées. Mais en raison de l'importante pollution généralisée de l'environnement, on ne peut pas attribuer concrètement ces résultats au fluor (sans parler du fluor des dentifrices), ni les appliquer à un pays comme l'Allemagne. Pourtant, cette étude a largement circulé dans les médias avec de grands titres tels que « le fluor rend les enfants stupides dans le ventre de leur mère ». Ce n'est pas du bon journalisme scientifique.

Mon mobile se remet à vibrer.

– Tu connais la meilleure ? Jonas n'est pas allé chez le dentiste depuis trois ans et ne se souvient pas de la dernière fois qu'il a eu une carie ! m'écrit Christine en concluant son SMS par un emoji rageur.

Je ne peux pas m'empêcher de rire, parce que je la vois très bien en train de s'énerver. Mais si Jonas n'a jamais de caries, alors il peut bien garder son dentifrice. Christine s'agace seulement parce qu'il a de la chance dans son ignorance. Tout le monde n'est pas égal face aux caries. Personnellement, je ne renoncerai jamais à mon dentifrice fluoré, parce que j'aurais directement des trous dans les dents. D'autres ont peut-être une autre plaque dentaire, contre laquelle il suffit d'un traitement qui neutralise juste le pH. Outre le fluor, le dentifrice contient d'autres éléments. Par exemple des tensioactifs, autrement dit du savon (je vais y revenir). Il y a également de petites particules abrasives, un peu comme de la crème à récurer. Après tout, il faut se débarrasser de tous les restes de nourriture. Si on s'en sort sans fluor *et* sans avoir de caries, tant mieux. Si vous avez des caries *et* peur du fluor, rendez-vous service, évitez les caries en utilisant un dentifrice fluoré normal.

Je me rince la bouche et je passe sous la douche. Je me demande quelle puanteur insupportable les gens dégageraient s'ils se lavaient moins souvent. L'expression « sentir le fauve » serait certainement inadaptée. Si l'odeur ne nous dérangeait pas, on trouverait exagéré de se doucher, du moins à la fréquence habituelle dans nos sociétés modernes. Vous allez peut-être avoir une surprise : non seulement il est inutile de se doucher tous les jours, mais cela peut même être néfaste. Pourquoi ? Nous allons devoir étudier notre peau et notre gel douche de plus près pour le comprendre.

Comme la plaque dentaire, notre peau héberge une population bigarrée de toutes sortes de micro-organismes. Aussi désagréable que puisse être l'idée d'avoir à tout moment des bactéries et autres créatures en train de ramper sur nous, ce microbiome est en général inoffensif, et même utile. On peut considérer la peau et ses habitants comme un écosystème complexe vivant en équilibre.

Cependant, il existe aussi des micro-organismes moins réjouissants, des agents pathogènes avec lesquels nous entrons en contact, principalement par nos mains. Notre peau ne les laisse pas entrer, mais quand nous nous frottons les yeux ou attrapons de la nourriture avec les doigts, ces agents pathogènes parviennent tout de même à pénétrer dans notre corps. C'est pour cela qu'il est important de se laver les mains avec du savon – ce qui nous amène à l'élément probablement le plus important de la chimie dans la salle de bain : les tensioactifs.

J'ai déjà dit qu'on trouvait des tensioactifs dans le dentifrice, mais le tensioactif le plus classique est le savon, celui avec lequel on se lave les mains ou qu'on trouve dans les shampooings. Sans savon, le lavage à l'eau serait bien moins efficace. En effet, notre peau est hydrophobe, ce qu'on pourrait traduire littéralement par « qui déteste l'eau ». Les membranes des cellules de notre peau et les espaces qui les séparent sont constitués de molécules hydrophobes. Les substances hydrophobes ne sont ni miscibles ni solubles dans l'eau. On peut citer par exemple les huiles et les graisses. À la place d'hydrophobe, on peut donc aussi dire lipophile, « qui aime les graisses ». Quand on prépare une vinaigrette avec du vinaigre et de l'huile, on voit bien que les deux ne se mélangent pas, il se forme ce qu'on appelle une limite de phase ou interface. Les molécules d'eau et les molécules d'huile ne s'aiment pas, elles se repoussent et préfèrent rester avec leurs semblables.

L'inverse d'hydrophobe est hydrophile, « qui aime l'eau ». Par exemple, l'alcool est un liquide hydrophile, il est facile à mélanger avec de l'eau (heureusement, sinon on ne pourrait pas en boire). Les molécules d'éthanol et d'eau se comprennent bien, elles interagissent, c'est-à-dire qu'elles s'attirent mutuellement. Le sucre et le sel de cuisine sont aussi des substances hydrophiles, c'est pour cela qu'ils se dissolvent bien dans l'eau, mais pas dans l'huile.

En principe, on peut classer toutes les matières comme hydrophobes ou hydrophiles, mais la frontière est fluctuante. Notre peau est hydrophobe. C'est comme cela qu'elle nous protège le mieux, parce que nous n'aimerions pas qu'elle fonde sous la pluie ou la douche. Mais cela veut aussi dire qu'elle n'interagit pas bien avec l'eau. En plus, nos pores produisent non seulement de la sueur, mais aussi du sébum, qui est une graisse – une substance hydrophobe. Quant aux bactéries, elles aussi ont une peau : les unicellulaires ont une membrane qui est également hydrophobe. Comme le sébum et les bactéries ne s'entendent pas très bien avec l'eau, cela ne leur fait pas grand-chose quand on les arrose. Si vous avez déjà essayé d'enlever une tache de graisse d'un vêtement avec de l'eau, vous savez de quoi je parle.

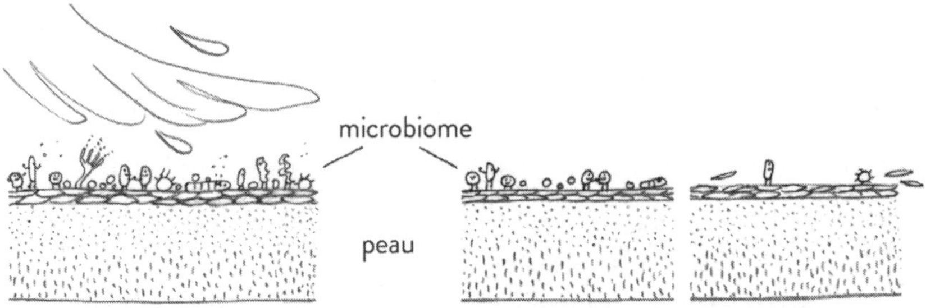

Il y a plusieurs milliers d'années, les humains ont découvert le savon, c'est-à-dire les tensioactifs. Ces substances magiques sont amphiphiles, « qui aiment les deux » : elles allient des propriétés hydrophobes et hydrophiles dans une même molécule. En général, les tensioactifs sont des molécules allongées composées de deux parties, une longue queue hydrophobe avec une tête hydrophile. On les représente volontiers sous la forme d'une épingle : la tige est la partie hydrophobe, tandis que la tête est la partie hydrophile.

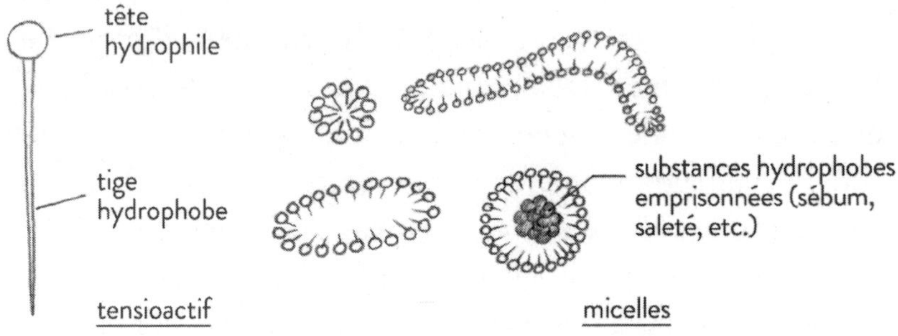

Quand on met des tensioactifs dans l'eau, il se passe des choses fascinantes : les molécules forment spontanément des structures géométriques. C'est parce que les queues hydrophobes ne veulent rien avoir à faire avec l'eau et font tout pour avoir le moins de contact possible avec elle. Elles forment alors des micelles, avec toutes les queues hydrophobes dirigées vers le centre et toutes les têtes hydrophiles tournées vers l'extérieur et l'eau. Les micelles peuvent être sphériques, ou ressembler à des bâtonnets ou des vers.

Les tensioactifs ont également tendance à s'accumuler aux interfaces. Si on verse de l'huile d'olive et de l'eau savonneuse dans un verre, une grande partie des tensioactifs se positionne à l'interface entre l'eau et l'huile, avec les têtes hydrophiles dirigées vers l'eau et les queues hydrophobes vers l'huile. Il se passe la même chose à l'interface entre l'eau et l'air. L'air n'est pas vraiment hydrophobe, mais pour les queues hydrophobes, l'essentiel c'est qu'il ne soit pas de l'eau, donc elles se tournent vers l'air, comme les canetons de la comptine « *Alle meine Entchen* » (les petites têtes dans l'eau, les petites queues en haut).

C'est ce comportement qui nous permet d'avoir des bains moussants et des bulles de savon. Une bulle de savon est très fragile, mais d'une stabilité étonnante quand on pense que c'est une sphère creuse faite d'eau, et quand on réfléchit à la tension que subit cette couche d'eau bombée.

Voilà qui semble bizarre : comment un liquide peut-il subir une tension mécanique ? Comme une règle en plastique est sous tension quand on la courbe, l'eau aussi est sous tension quand on essaie d'en faire des bulles. On parle ici de la tension superficielle de l'eau, qu'on verra plus en détail au chapitre 10.

D'ici là, imaginons simplement que des forces s'exercent à la surface de l'eau et la rendent un peu rigide. Lorsque les tensioactifs occupent la surface, ils la rendent plus flexible et plus élastique, en quelque sorte. La règle en plastique devient plus souple, plus facile à courber sans avoir peur de la casser. Les tensioactifs réduisent la tension superficielle de l'eau. C'est ce qui permet à l'eau de se déformer sans souci pour créer des bulles de savon et les minuscules bulles sans lesquelles il n'y aurait pas de bain moussant.

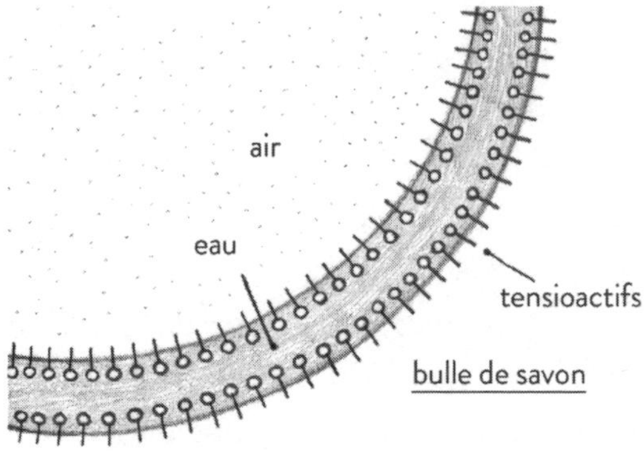

Comme les tensioactifs sont amphiphiles, c'est-à-dire « aiment les deux », ce sont de parfaits médiateurs entre les substances hydrophiles telles que l'eau et les substances hydrophobes telles que le sébum, la saleté ou les bactéries. Quand on se lave à l'eau savonneuse, les substances hydrophobes présentes à la surface de notre peau sont enfermées dans des micelles puis emportées lors du rinçage. Le même principe s'applique à la lessive, aux nettoyants ménagers, et aux dentifrices. Si répandus, et pourtant si géniaux.

Mais comment fabrique-t-on ces géniales petites épingles ?

Pour faire les premiers savons, on cuisait des huiles ou des graisses avec des cendres végétales. La réaction chimique sous-jacente est appelée, fort logiquement, saponification. La matière première de départ est toujours une graisse. Les graisses et les huiles, d'un point de vue chimique, sont des triglycérides, c'est-à-dire qu'une molécule de graisse est un groupe de trois acides gras. Les acides gras sont prédestinés à former des savons. En effet, ils se composent d'une longue queue hydrophobe au bout de laquelle est attaché un groupe acide, qui peut constituer une merveilleuse tête hydrophile. On a quasiment la forme d'épingle toute faite. Mais les groupes acides des triglycérides sont liés de telle manière qu'aucune interaction avec l'eau n'est possible. On peut se représenter une graisse ou un triglycéride comme un groupe de trois épingles attachées par la tête. Pour les libérer, on peut faire intervenir un réactif basique. Or, les cendres végétales contiennent des sels de potassium basiques, et les acides réagissent facilement avec les bases.

Donc, si on chauffe de la graisse avec des sels de potassium, la triple liaison des triglycérides se rompt, et on obtient des acides gras libres dont les têtes acides sont saponifiées. Saponifié signifie que le groupe acide est désormais – comme un ion fluorure – chargé négativement. Comme les groupes chargés s'entendent généralement très bien avec l'eau (on verra pourquoi au chapitre 10), c'est ainsi qu'on peut faire d'excellents tensioactifs à partir de graisse.

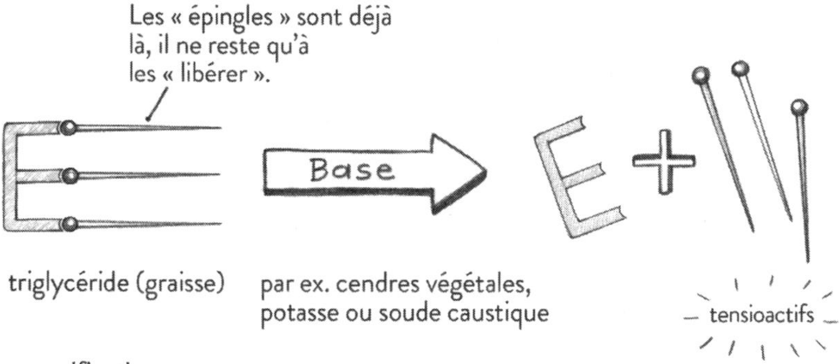

saponification

Aujourd'hui, on fabrique toujours le savon selon le même principe, mais on utilise de la soude caustique (NaOH) à la place des cendres végétales ou des sels de potassium. Cette base très forte est particulièrement adaptée à la saponification. La réaction fonctionne avec tous les corps gras possibles : on utilise traditionnellement des graisses bon marché, comme le suif, le saindoux ou la graisse d'os. Pas très appétissant, mais on obtient des savons parfaits.

Pourquoi est-ce que je vous raconte tout cela ? Parce que je trouve cette méthode traditionnelle de fabrication particulièrement intéressante en ce moment, où la tendance est aux savons naturels. Les savons à base de pure huile de coco, d'olive ou d'avocat sont de plus en plus appréciés. On assiste à une renaissance de la recette traditionnelle du savon : des graisses pures saponifiées à l'aide de soude caustique. Les savons naturels ne sont généralement rien d'autre que des savons ordinaires utilisant des huiles plus attrayantes que le suif de cochon. Mais ces savons naturels garantis « 100 % pure huile de blabla » sont par définition des savons dont la structure et les propriétés chimiques sont identiques à celles des savons à base de suif. Pourtant, ces savons naturels sont souvent présentés comme particulièrement doux et protecteurs pour la peau. C'est sûr que la noix de coco, l'olive ou l'avocat donnent l'impression d'être des soins pleins de douceur. Mais d'un point de vue chimique, les choses sont bien différentes.

Les savons, « ordinaires » aussi bien que « naturels », ont un point commun : ils sont efficaces. Ils nettoient particulièrement bien parce que leur groupe hydrophile, la tête acide, est particulièrement hydrophile. Mais cela signifie aussi qu'ils sont particulièrement agressifs. Je ne veux pas dire aussi agressifs que le fluor, mais les tensioactifs puissants peuvent irriter ou dessécher la peau. Et c'est pour cette raison qu'il n'est pas conseillé de se doucher tous les jours. En effet, le nettoyage répété s'attaque à l'écosystème si délicat de notre flore cutanée, celle qui « soigne » aussi notre peau. De plus, si nous produisons du sébum, ce n'est pas juste pour nous plaindre et attraper des boutons, mais parce qu'il protège la peau contre le dessèchement. Quand la peau est trop sèche, non seulement elle gratte, mais elle risque de se fissurer. Alors elle n'est plus capable de remplir parfaitement sa mission de protection, car les bactéries et les microbes pathogènes peuvent pénétrer dans notre corps en passant par ces fissures.

Mais tout cela vaut toujours mieux que de la « chimie ! », pourrait-on penser. Les adeptes des savons naturels ont une aversion particulière pour un tensioactif : le sodium laureth sulfate (c'est ce qui est écrit sur la plupart des emballages, son vrai nom étant le lauryl éther sulfate de sodium). Pour eux, le rayon « Hygiène » des supermarchés n'est pas un plaisir, parce que c'est de loin le tensioactif le plus utilisé dans les shampooings et les cosmétiques. Il s'agit d'un tensioactif de synthèse, un produit « chimique » – pour beaucoup, c'est une raison suffisante pour le remplacer par un savon pur huile d'olive. Pourtant, le suffixe « eth » du sodium laureth sulfate en fait un tensioactif plus doux que le savon naturel : c'est pour cela qu'il est plus adapté aux applications cosmétiques. Dans la structure d'un tensioactif, on peut se représenter le « eth », qui signifie éther, comme une sorte d'intermédiaire entre la tête et la tige de l'épingle. Cet intermédiaire est à peu près au milieu de l'échelle hydrophile-hydrophobe ; plus il est long, plus le pouvoir détergent est faible, mais plus c'est doux pour la peau. Le sodium laureth sulfate n'est donc pas plus agressif parce qu'il s'agit d'un tensioactif synthétique fabriqué en laboratoire. Au contraire, c'est justement le laboratoire qui permet de produire différentes variantes de tensioactifs, plus douces, impossibles à obtenir par saponification simple, et qu'on peut par exemple utiliser dans les shampooings pour bébés.

J'aime beaucoup les savons naturels parce qu'ils respectent l'environnement, mais si vous avez la peau sensible ou sèche, il vaut mieux les cantonner au lavage des mains. Je trouve dommage qu'on mette dans le même panier tous les tensioactifs de synthèse avec l'étiquette « chimique » sans les différencier. Même la distinction générale entre les savons naturels et chimiques ne me paraît pas si évidente. Pour moi, la fabrication de savon naturel n'est rien d'autre que de la chimie aussi. Certes, l'huile d'avocat est peut-être d'origine naturelle (grâce à toute la chimie que l'avocatier a mise en œuvre pour produire ses fruits), mais sans soude caustique, elle ne donne pas de savon. En outre, on peut aussi fabriquer des tensioactifs respectueux de l'environnement en laboratoire. Pourtant, « sans chimie » se vend mieux. On pourrait appeler cela du « chimisme », une discrimination de la chimie, un préjugé négatif généralisé, totalement injustifié. Halte au chimisme !

Le vrai problème, c'est le marketing rusé des fabricants de cosmétiques, qu'il s'agisse de produits *naturels* ou *chimiques*. D'un point de vue de chimiste, il y a des choses qui clochent. Par exemple, la nouvelle tendance est aux produits nettoyants « micellaires » – on nous vend de « l'eau micellaire », du « shampooing micellaire », ou même des « lingettes micellaires ». Toute cette « innovation technologique » n'est rien de plus qu'un gadget marketing, puisque n'importe quel produit contenant des tensioactifs contient forcément des micelles ! On devrait peut-être lancer le « dentifrice micellaire », aussi. Je vois déjà les publicités : « Nouveau ! SANS fluor ! Technologie micellaire ! »

On sonne à la porte. Je fais entrer un Matthias suant et heureux, et je ressens un mélange d'envie et de mauvaise conscience. Pas plus tard qu'hier, j'ai reçu un courriel de mon club de fitness intitulé « Il n'est jamais trop tard ! ».

Matthias lit dans mes pensées, car il me dit en souriant :

– Rester assis tue plus que le tabac !

– Hmpf, réponds-je en m'asseyant à mon bureau.

4

RESTER ASSIS TUE PLUS QUE LE TABAC

Vous êtes bien assis ? Alors vous devriez peut-être vous lever vite fait. En effet :

« Rester assis tue plus que le tabac. »

« Rester assis longtemps réduit l'espérance de vie. »

« En Allemagne, deux fois plus de gens meurent à cause de la sédentarité que du tabac. »

Je me déplace souvent pour mon travail, donc je suis souvent « en action », mais quand je travaille à la maison, je bouge vraiment trop peu. En ce moment, c'est particulièrement grave, parce que ce livre me prend beaucoup d'énergie et de temps.

Il n'est pas rare que ma journée de travail à domicile se déroule ainsi : je me lève en même temps que Matthias, je passe directement du lit à l'ordinateur « juste pour vérifier vite fait mes courriels ». Une petite heure plus tard, Matthias est de retour et il est déjà 18 heures. Je suis toujours en pyjama et je viens de passer onze heures à travailler. Je devrais faire d'autant plus attention à faire assez d'exercice. En effet, rester assis tue plus que le tabac, c'est « SCIENTIFIQUEMENT PROUVÉ ». Chers fumeurs, à partir de maintenant, ne fumez plus assis, profitez de votre cigarette en vous promenant !

Règle de base : si quelque chose est « scientifiquement prouvé » et en même temps bizarre, soit ce n'est pas vraiment prouvé scientifiquement, soit ce n'est pas si bizarre. Il y a beaucoup de vrai dans « rester assis tue plus que le tabac », mais beaucoup d'exagération aussi. Commençons par la mauvaise nouvelle, le vrai.

Maladies cardiovasculaires, surpoids, diabète de type 2, cancer et dépression : autant de pathologies liées à un style de vie sédentaire, le nom scientifique de « être souvent assis ». J'aimerais bien savoir combien de temps nos ancêtres passaient assis. Est-ce qu'ils profitaient aussi de la moindre occasion pour s'asseoir sur une pierre ou s'installer en tailleur par terre ? Est-ce que c'est donc une évolution naturelle si nous avons commencé à fabriquer des sièges ? Ou bien est-ce que cette sédentarité est en contradiction avec notre biologie et constitue une évolution culturelle (dangereuse) ? Les experts penchent pour la deuxième hypothèse.

Dans son article « *Sitting is the new smoking : Where do we stand ?* » (Rester assis tue plus que le tabac : le point sur notre position), le docteur Benjamin Baddeley écrit :

« Si un extraterrestre débarquait sur notre planète, la vie des humains modernes le rendrait perplexe, surtout notre rapport aux efforts physiques. Après six millions d'années à être des chasseurs-cueilleurs, on observe désormais les humains blottis dans des pièces bien chaudes, luttant contre les effets épuisants de la gravité terrestre affalés sur des sièges confortables devant des écrans illuminés, passant sans effort d'un étage à l'autre grâce à des escaliers mécaniques, et même s'élevant d'un continent à l'autre, assis dans des boîtes volantes bien chauffées. Le plus étrange, pourtant, c'est qu'on peut ensuite voir une partie de ces mêmes humains passer leur "temps libre" à courir dehors par tous les temps sans raison apparente ou, plus étrange encore, à donner de l'argent à des institutions nommées "salles de sport" pour soulever et reposer des objets lourds, ou courir sur un tapis roulant jusqu'à devenir rouges et suants. »

Hmm. Moi, je donne même de l'argent à mon club de fitness sans y aller. Une forme particulière de participation tacite que je partage certainement avec un grand nombre d'autres membres fantômes de salles de sport.

De fait, notre espèce est de plus en plus souvent victime de maladies non transmissibles (MNT, en anglais *Non-communicable Diseases* ou NCD), des maladies qui ne se transmettent pas d'une personne à l'autre, mais qui se propagent comme des épidémies modernes. Ce sont des maladies chroniques, qui progressent lentement. Les quatre catégories principales de MNT sont les maladies cardiovasculaires (infarctus du myocarde ou AVC), les cancers, les maladies respiratoires chroniques et le diabète de type 2. Les MNT sont responsables de 71 % de tous les décès dans le monde : 15 millions de personnes âgées de 30 à 69 ans en meurent chaque année selon l'OMS. Mais je n'écris pas cela pour vous gâcher la journée. Je l'écris parce que les MNT sont largement évitables. Nous avons la maîtrise des principaux facteurs de risque : tabagisme, consommation excessive d'alcool, nourriture trop riche… et manque d'exercice.

On sait depuis longtemps que le manque d'exercice est mauvais pour la santé et que le sport est bon. Et il est évident que quand on est assis, on bouge peu. Mais quel est le danger réel ?

Si vous voulez vous informer, tapez « Rester assis tue » dans votre moteur de recherche, et vous trouverez de nombreux articles. On y lit souvent que même la pratique régulière d'un sport ne permet pas de compenser les dommages de la position assise (alors, peu importe que je n'aille pas au club de fitness, avec le temps que je passe assise, mon Dieu, je suis fichue !). L'important, c'est de ne pas rester assis trop longtemps sans bouger. Il faut se lever au moins une fois par heure, ou mieux, utiliser directement un bureau debout. Sinon, en restant assis, on perd tous les avantages acquis à force de transpirer à la salle de sport ou pendant le jogging. De ce point de vue, rester assis n'est pas seulement se priver d'une activité saine, c'est nuire activement à sa santé.

Que penser de ces affirmations ?

Je vais vous répondre bien volontiers, mais tout d'abord, nous devons accepter une chose : en science, il n'existe souvent aucune réponse courte *et* exacte. On aime à penser que la science produit des faits clairs. Ce n'est pas toujours vrai. La science peut produire des chiffres et des résultats clairs, mais leur interprétation est souvent si complexe qu'on ne peut pas automatiquement en déduire des faits. Parfois, on a une hypothèse, et les expériences qu'on réalise confirment cette hypothèse. Mais cela ne veut pas dire que notre hypothèse est un fait, c'est simplement une hypothèse bien fondée.

On aime aussi à penser que les affirmations « scientifiquement prouvées » représentent « la vérité ». Pourtant, « la vérité » n'est souvent que la somme actuelle de toutes les hypothèses bien fondées. De nouvelles expériences peuvent donner de nouveaux résultats qui nous obligeront à remettre en question tout ce que nous considérions comme « vrai ». Si on veut penser de manière scientifique, on doit être prêt à ne pas se satisfaire d'une réponse simple.

Exemple concret : disons que j'invite des amis à dîner. Un collègue de travail, appelons-le Paul, vient pour la première fois. Je ne sais pas ce qu'il aime manger, ni quelles quantités il mange habituellement. En tout cas, j'ai fait ma super-spécialité, mon risotto signé Mai généralement très apprécié, et tous les autres invités l'engloutissent comme prévu. Seul Paul ne termine pas son assiette, même s'il ne tarit pas d'éloges sur mon risotto. Question : pourquoi Paul n'a-t-il pas fini son assiette ?

On peut imaginer plusieurs réponses :

Paul n'a pas aimé le risotto.

Ou bien : Paul n'avait pas très faim.

Ou bien : Paul ne mange pas beaucoup en général, ou alors il est actuellement au régime.

Quoi qu'il en soit, la réponse ne peut pas être très compliquée, n'est-ce pas ? Eh bien, demandons maintenant à un scientifique ce qu'il en dirait :

Paul a mangé moins que les autres convives. Il est possible que Paul ait mangé moins que la moyenne, ou bien que les autres invités aient mangé plus que la moyenne. Paul est le seul invité qui n'a pas fini son assiette. Par le passé, les autres invités ont toujours mangé de plus grandes quantités du même risotto. Ces deux observations permettent de supposer que la raison du comportement divergent se trouve chez Paul.

La portion réduite ingérée peut avoir plusieurs causes. L'une d'elles pourrait être que Paul avait moins faim que la moyenne, mais à ce stade, on ne peut pas savoir si c'est valable tout le temps. Il est possible que Paul ait mangé plus que la moyenne à midi, ou bien qu'il ne mange pas beaucoup le soir en général.

Une autre cause pourrait se trouver dans les goûts de Paul. Peut-être qu'il n'a pas aimé le risotto. Cela pourrait venir d'un dégoût général pour le risotto, ou bien d'un dégoût spécifique pour le risotto de Mai. Cette dernière hypothèse est contredite par les paroles de Paul, qui ont communiqué une expérience gustative agréable. Cependant, on a déjà constaté par le passé que les compliments exprimés ne reflètent pas toujours la vérité, mais sont simplement destinés à renforcer le lien social avec l'hôte ou à suivre d'autres conventions de politesse. Comme nous n'avons actuellement aucune information sur les habitudes alimentaires de Paul ni sur ses comportements sociaux, cette possibilité doit être envisagée avec prudence.

Une combinaison de causes est également possible, le poids de chaque facteur étant actuellement impossible à quantifier. De plus amples recherches seront donc nécessaires.

Vous êtes encore là, ou votre cerveau a déjà disjoncté ? Si vous n'avez encore jamais lu une publication scientifique, VOILÀ à quoi vous pouvez vous attendre. Je vous promets que je n'exagère pas. En revanche, quand on lit un article de journal sur un sujet scientifique, en général c'est moins soporifique. C'est naturellement l'art du bon journalisme scientifique, même si parfois, on aboutit à une interprétation erronée ou trop simpliste des résultats de recherche.

Le problème est qu'on peut difficilement vérifier les résultats réels de recherches à partir d'un seul article de journal. D'accord, on pourrait mettre la main sur l'étude d'origine. Mais imaginez que dans le cas de Paul et du risotto, un mot sur quatre soit un terme technique – c'est la réalité des publications scientifiques. Elles sont incompréhensibles à plusieurs niveaux ! Elles sont écrites dans une autre langue, un jargon de spécialistes. C'est un verbiage si détaillé et si alambiqué qu'il est fichtrement difficile d'en déduire une conclusion claire. Le cas de Paul et du risotto est écrit dans un langage compréhensible : mais est-ce que vous arriveriez à résumer ce qui lie Paul au risotto ? Pas si simple, n'est-ce pas ?

Voilà pourquoi la science a besoin de passer par l'intermédiaire des médias, parce que même si on voulait lire les études en détail, on n'irait généralement pas loin. Sans parler du fait que de nombreuses études ne sont même pas accessibles au public, à moins de payer. C'est pour cela que le journalisme scientifique est si important.

Or, tous les journalistes savent bien que les lecteurs aiment les réponses simples. Et les grands titres simples – mieux encore, simples et spectaculaires ! C'est ainsi que naissent des slogans tels que « Rester assis tue plus que le tabac » ou « Paul déteste le risotto de Mai ».

Le buzz médiatique international autour des dangers de la sédentarité a pris de telles proportions qu'il est lui-même devenu un sujet de recherches. Des spécialistes australiens de la communication ont évalué une cinquantaine d'articles de presse (en ligne et imprimés) parlant des risques de la sédentarité. Les résultats sont très intéressants :

Primo : environ un tiers des articles expliquait qu'il était si dangereux de rester assis que cela annulerait les effets bénéfiques du sport. Dire que rester assis « tue » ne serait donc pas si exagéré. Mais est-ce que c'est vrai ? En un mot : non ! Si vous venez de vous lever d'un bond sous l'effet de la panique, vous pouvez vous rasseoir. En réalité, on a une foule d'éléments scientifiques qui prouvent que le sport et l'exercice compensent largement les conséquences négatives de la sédentarité. Si on passe beaucoup de temps assis, il est recommandé de passer une heure à une heure et demie par jour debout. Mais est-ce que cela fait une différence si je bouge un peu chaque jour ou si je réalise tout mon quota de sport sur une seule journée de la semaine ? Les *weekend warriors*, ces « guerriers du week-end » qui pratiquent un sport seulement une à deux fois par semaine (« seulement »… ma mauvaise conscience empire au fur et à mesure que j'écris…) peuvent ainsi lutter contre les effets négatifs d'une sédentarité prolongée.

Il est dangereux de présenter la sédentarité comme une atteinte active contre la santé. En lisant « Rester assis tue plus que le tabac », certains vont paniquer et se précipiter sur leurs baskets. Ce sont les mêmes qui se ruent dans les salles de sport juste après les fêtes, pleins de motivation pour éliminer les gâteaux et la dinde de Noël. Je fais plutôt partie de ceux que cela démotive et qui se disent « ce n'est plus la peine que j'aille au club de fitness, de toute façon ça ne sert à rien ».

D'un point de vue scientifique, on devrait considérer la sédentarité comme un risque sous-estimé. Quand on parle de sport et d'exercice, il faudrait toujours intégrer la sédentarité dans l'équation. Sauf qu'il n'est pas plus facile de passer moins de temps assis que de faire plus de sport, même cela est scientifiquement étayé. Et quand on regarde l'étude sur les *weekend warriors* de plus près, on constate qu'il faudrait réduire le temps passé assis de plusieurs heures par jour pour obtenir un effet comparable à celui d'un ou deux jours de sport par semaine. Si on veut faire un choix entre rester assis moins longtemps, faire une promenade tous les jours et faire du sport intensif une fois par semaine, il faut se poser une question : qu'est-ce que je préfère ?

C'est comme pour les régimes : le régime le plus efficace est celui qu'on tient. Ensuite, à mon avis, on peut présenter tous les résultats scientifiques de manière bien plus constructive : notre portefeuille d'activités saines vient de s'enrichir d'un exercice supplémentaire, passer moins de temps assis ! On peut voir cela comme une chance pour ceux qui ne veulent ou ne peuvent pas faire de sport. Simplement, un gros titre comme « Rester assis tue plus que le tabac » est plus accrocheur que « Rester moins assis : le nouveau sport ».

Secundo : un quart des articles soulignait que les gens qui passent la journée à travailler dans un bureau étaient particulièrement en danger.

C'est clair, quand on travaille dans un bureau, on passe beaucoup de temps assis. Mais si on regarde les statistiques, on constate quelque chose de très intéressant : il y a sédentaire et sédentaire. Ceux qui passent beaucoup de temps assis dans un bureau sont en meilleure santé que ceux qui restent assis devant leur télévision. Est-ce que cela veut dire que je peux passer ma journée au bureau sans avoir mauvaise conscience, mais qu'il faudrait que je regarde la télé debout ?

Voilà un merveilleux exemple qui prouve que les chiffres seuls ne donnent pas des faits pertinents. Laissez-moi vous expliquer : quand on travaille dans un bureau, on a généralement un statut socioéconomique assez élevé, un certain niveau d'éducation, et on peut se payer un certain niveau de vie. Ces facteurs favorisent en général une meilleure santé corporelle et mentale. D'un point de vue statistique, les gens riches sont en meilleure santé. À l'inverse, dans les statistiques, une forte consommation de télévision s'accompagne d'un statut socioéconomique plus faible, d'un degré d'éducation moindre et d'un taux de chômage plus élevé. À leur tour, ces facteurs sont corrélés à une moins bonne condition physique et mentale, et à une alimentation moins saine. Par exemple, quand on regarde beaucoup la télévision, on est plus souvent exposé à des publicités pour des aliments malsains.

Vous voyez combien tout devient complexe. On peut déterminer assez facilement combien de personnes passent leur temps assises dans un bureau ou devant une télévision. Mais il est pratiquement impossible d'en déduire quelle influence la sédentarité peut avoir sur la santé. En d'autres termes, ce n'est pas parce que le temps passé devant la télévision est lié à un risque élevé de maladies non transmissibles que c'est la sédentarité qui est dangereuse dans cette équation complexe.

Cependant, il y a une chose qu'on peut affirmer avec certitude : les maladies non transmissibles dépendent fortement du statut socioéconomique. À l'échelle internationale, 80 % des MNT touchent des pays à faibles revenus. Les ronds-de-cuir typiques, d'un point de vue global, n'en sont donc pas les principales victimes. L'accent mis par les médias sur la sédentarité au bureau est compréhensible parce que ces articles et communiqués s'adressent aux gens qui travaillent dans des bureaux, et qui sont peut-être même justement assis en train de lire que c'est comme s'ils étaient en train de fumer.

Tertio : plus de 90 % des articles signalaient que c'est à chacun de prendre la responsabilité de bouger.

Est-ce que ce n'est pas vrai ? Même moi, j'ai écrit plus haut que les MNT sont évitables parce que nous avons la maîtrise des principaux facteurs de risque. Mais maintenant, il faut absolument que je rentre un peu plus dans les détails, pour ne pas commettre la même erreur que la plupart des articles sur ce sujet.

Naturellement, en fin de compte, c'est moi qui vais mettre mes muscles en mouvement. Mais il existe de nombreux facteurs extérieurs qui influencent ma volonté. Par exemple, je bénéficie d'un niveau de vie qui me permet de dépenser de l'argent dans un club de fitness (j'ai même tellement de moyens que le prix de mon abonnement ne suffit pas à me motiver pour y aller vraiment). Par ailleurs, je suis indépendante, c'est-à-dire que je n'ai pas de chef ou de collègues qui me regarderont de travers si je me mets debout une fois par heure pour gesticuler comme un pantin. Et, pour autant que je puisse en juger, je peux me réjouir d'être en bonne santé mentale, ce qui me permet de prendre soin de ma santé physique. Etc., etc.

C'est facile de dire « Il suffit de bouger plus », mais moins facile à faire, d'autant que certains ont encore plus de mal que d'autres. Si 80 % des MNT touchent les pays à faibles revenus, c'est moins un manque de volonté des gens qu'un problème de statut socioéconomique, avec les nombreux facteurs complexes qui y sont intrinsèquement liés.

Pour lutter contre les MNT, on peut faire jouer divers leviers. Cela commence par la formation et l'information, et s'étend jusqu'aux mesures concrètes que les employeurs intègrent dans le quotidien du personnel, comme les bureaux à hauteur réglable ou les pauses instaurées pour faire de l'exercice.

Et moi, qu'est-ce que je choisis pour mon quotidien ? Pour commencer, je vais arrêter de me sentir mal à l'idée de ne pas aller assez souvent au club de fitness, du moins tant que je n'aurai pas terminé ce livre. À la place, je vais vraiment me lever une fois par heure et faire une série de mouvements de gymnastique. Ou bien une promenade le soir. Ou bien les deux.

C'est à chacun de décider quelles conclusions il tirera pour lui-même de ces résultats de recherche. Cependant, il faut avant tout être prêt à ne pas se satisfaire de réponses courtes, mais à envisager un sujet sous le plus grand nombre d'angles possible. Car c'est seulement quand on comprend vraiment quelque chose qu'on peut prendre de bonnes décisions.

Maintenant, je vais faire une pause pour bouger.

Vous venez ?

5
LE CHAOS, C'EST NATUREL

« Et sinon, qu'est-ce que tu fais ? À part YouTube ? »

La plupart des gens pensent que je fais obligatoirement quelque chose d'autre en plus de ma chaîne YouTube. C'est le cas, certes, mais seulement parce que je suis folle. Produire chaque semaine une vidéo scientifique suffirait à m'occuper à plein temps sans m'ennuyer. Il faut enregistrer une vidéo et la monter, c'est évident. Mais il faut autant de temps, et même souvent beaucoup plus, pour effectuer les recherches et concevoir le scénario. Avant d'avoir la fibre dans mon appartement, il me fallait encore une journée chaque semaine rien que pour transférer les données. Si vous avez déjà manipulé des fichiers vidéo, vous savez que dans ce domaine, on compte en gigaoctets. Selon la connexion internet, on irait parfois plus vite en envoyant une carte-mémoire par la poste. Je viens justement de terminer le montage, je n'ai plus qu'à télécharger le fichier. Mes vidéos sont publiées tous les jeudis à 6 h 30 du matin, mais je peux les charger plus tôt et programmer l'heure de mise en ligne. Parfois aussi, le fichier n'est terminé que quelques heures à l'avance, en pleine nuit. Voilà ce que c'est quand on fait quelque chose d'autre que YouTube. Mais pour l'instant, on est seulement mercredi après-midi.

Parfois, on voit mon bureau dans les vidéos, parfaitement rangé, bien entendu. Tout cela n'est qu'une façade. À intervalles réguliers, mon bureau devient un tel chaos que c'en est presque embarrassant. Je ne suis pas forcément chaotique de nature, certains aspects de ma vie sont super-organisés – par exemple, mon calendrier et mes courriels, et en général tout ce que je peux classer par informatique. Mais à l'exception de mon armoire, où mes vêtements sont même rangés par couleur, dans le monde analogique, je dois faire des efforts pour maintenir l'ordre. Depuis que je travaille à la maison, en particulier, et que je ne risque de déranger personne d'autre avec mon bazar, le chaos augmente régulièrement. Et même si j'apprécie beaucoup qu'on me rende visite à la maison, on est prié de ne pas venir à l'improviste, car on risquerait de me surprendre dans une de mes phases chaotiques, et seuls mes amis les plus proches ont le droit d'en être témoins.

Mais au fait, pourquoi est-ce qu'un peu de désordre est si embarrassant ? Je ne vois aucune raison logique d'en avoir honte. On pourrait affirmer que si on ne contrôle pas son bureau, on ne contrôle pas sa vie, ou quelque chose du genre. Pour moi, ce n'est pas évident. Si mon chaos perturbait mon travail, je me ressaisirais, parce que je ne déteste rien plus que l'inefficacité. Je sais toujours où sont les choses. Et dès que je perds du temps à chercher, c'est que le moment est venu de ranger. Dans l'ensemble, j'y gagne même du temps, puisque je passe moins longtemps à ranger au total. C'est parfaitement logique : je ne suis pas chaotique, je suis pragmatique !

Je dois quand même admettre que l'ordre semble être un besoin humain. L'ordre et les bonnes manières vont de pair, il existe quelques indices scientifiques dans ce sens. Rien que l'odeur d'un détergent au citron peut nous encourager à avoir un comportement plus éthique, comme l'a constaté la psychologue Katie Liljenquist. Celle-ci a placé deux groupes de sujets dans des pièces séparées, aménagées à l'identique. Dans la pièce A, il n'y avait aucune odeur, tandis que dans la pièce B, on avait vaporisé un peu de produit d'entretien au citron. Étonnamment, les sujets de la pièce B, exposés au parfum citronné, se sont comportés de manière plus juste et généreuse pendant les jeux de rôles auxquels ils ont dû participer et se sont également montrés plus disposés à faire un don à un organisme caritatif. Est-ce que c'était en association avec le nettoyage ou bien est-ce que le parfum du citron lui-même a un pouvoir magique ?

Quelques années après cette expérience, la psychologue Kathleen Vohs a étudié le phénomène de plus près en plaçant deux groupes de sujets respectivement dans une pièce rangée et dans une pièce en désordre. Là, elle leur a demandé de résoudre divers exercices aléatoires et de remplir des questionnaires incluant également un appel à dons. Comme avec le citron, le sens moral est venu avec l'ordre : les participants installés dans la pièce rangée étaient prêts à dépenser beaucoup plus. À la fin de l'expérience, on leur a même offert une petite collation, en leur proposant au choix une pomme ou une friandise. Ceux qui avaient passé leur temps dans la pièce rangée ont plus souvent choisi la pomme que les « dérangés » qui ont plus opté pour le grignotage malsain. Nous semblons donc avoir besoin d'ordre et de structure pour bien nous comporter.

Je parle volontiers des études psychologiques parce qu'elles font souvent de meilleures histoires que les expériences chimiques. Néanmoins, je me demande toujours quelle est la reproductibilité de ces études : si je reproduis la même étude avec les mêmes méthodes, mais d'autres participants, est-ce que j'obtiendrai les mêmes résultats ? La réponse est malheureusement : pas toujours. Selon notre degré de pessimisme, on pourrait même dire : pas souvent.

En 2015, un projet auquel 270 scientifiques avaient participé a été publié : ils ont pris 98 études psychologiques déjà publiées et les ont reproduites. Moins de la moitié des reprises ont abouti au même résultat que les études originales – un score décevant, pour rester polie. À quoi cela est-il dû ? Et surtout, comment diable est-ce possible ?

Tout est une question de méthodes scientifiques, c'est-à-dire de la manière dont on collecte et on traite les données. Si vous vous intéressez à la science, retenez bien une chose : les résultats scientifiques ne disent rien tant qu'on ne peut pas justifier de quelle manière on les a obtenus.

Penchons-nous de plus près sur la question. Imaginez que vous avez mis au point un nouveau médicament et que vous voulez maintenant tester son efficacité cliniquement. Le mètre étalon, en matière de méthode, est ce qu'on appelle l'essai randomisé contrôlé ou ERC (en anglais *Randomised Controlled Trial*, RCT). Quelle expression pompeuse… Mais cela vaut la peine de la comprendre, pour le jour où un article quelconque sur internet vous vantera les « résultats d'une nouvelle étude ». Vous pourrez faire le test de l'ERC et mieux évaluer les résultats.

Commençons par décortiquer l'expression « essai randomisé contrôlé ». En principe, tout le monde sait ce qu'est un essai. Intéressons-nous maintenant aux deux adjectifs pour comprendre que tous les essais ne sont pas égaux.

Tout d'abord, « contrôlé » : revenons au médicament que vous avez soi-disant mis au point et que vous voulez tester. Supposons pour rire qu'il s'agit d'un médicament contre la procrastination, la « plus-tardite chronique », cette désagréable habitude consistant à repousser sans cesse les tâches importantes pour s'y atteler au dernier moment, quand il est presque trop tard (ce médicament n'existe pas, mais si vous l'inventiez, aïe aïe aïe, vous feriez fortune en un rien de temps). Et maintenant, que faites-vous ?

Une fois que le médicament a été soigneusement testé en laboratoire, sur des cellules et sur des animaux, on en arrive aux essais cliniques. Là, vous administrez votre médicament au plus grand nombre possible de cobayes et vous observez leur comportement pour voir si ces personnes deviennent plus productives et repoussent moins de tâches. Mais cela ne suffit pas : ce qu'il vous faut impérativement, c'est un essai de contrôle, mené avec un deuxième groupe de participants, le groupe de contrôle. Au lieu du médicament, ce groupe de contrôle reçoit un placebo, c'est-à-dire une pilule quelconque sans principe actif. Vous pouvez parier que le groupe de contrôle aussi va devenir plus productif en moyenne et procrastinera moins, grâce à l'effet placebo. Quand je sais (ou je pense) que je prends un médicament et que j'en attends un effet donné, cela provoque souvent ce qu'on appelle une prophétie autoréalisatrice : ce que j'attends se produit.

On ne peut juger votre médicament efficace que si les participants du groupe de test présentent une hausse de productivité nettement supérieure à celle des participants ayant reçu le placebo. Sans ce contrôle, votre étude n'aurait aucune valeur scientifique.

Si j'ai choisi comme exemple un médicament anti-procrastination, c'est parce qu'il est assez vite évident que l'effet placebo jouera un rôle important. Après tout, la motivation à être productif est quelque chose de psychologique, qu'on peut s'imaginer (en réalité, l'imagination est un phénomène biologique de base, mais nous y reviendrons au chapitre 7). Mais en médecine, l'effet placebo joue pratiquement toujours un rôle, que ce soit avec les antalgiques, les antiallergiques, les médicaments contre l'hypertension, etc. En fait, on devrait toujours avoir avec soi une boîte de comprimés placebo à distribuer à ses amis pour soigner tous les bobos possibles. Quelqu'un se plaint d'un mal de tête ? Sortez un comprimé et dites : « Ça tombe bien, j'ai justement des comprimés contre le mal de tête. » C'est efficace avec tout : « Ça tombe bien, j'ai justement des comprimés contre les aigreurs d'estomac. » Ou encore : « Ça tombe bien, j'ai justement un calmant à base de plantes, c'est super-efficace. »

À l'opposé, on a l'effet nocebo, l'équivalent négatif de l'effet placebo. Si on s'attend à un effet indésirable, là aussi on peut provoquer une prophétie autoréalisatrice. On constate régulièrement que des participants quittent un essai clinique à cause des effets secondaires, sans savoir qu'en fait, ils étaient dans le groupe placebo, qu'ils n'avaient pas reçu la molécule à tester et ne devraient donc subir aucun effet secondaire. On peut le montrer par exemple en faisant une inoffensive piqûre de sérum physiologique – je sais que « inoffensif » et « piqûre » sont deux termes contradictoires pour certains. Cette piqûre est vraiment inoffensive pour les personnes souffrant d'allergies alimentaires, pourtant elle peut déclencher une authentique réaction allergique chez certains participants.

En gardant les effets placebo et nocebo en tête, il est non seulement utile de répartir les participants en deux groupes, groupe de test et groupe de contrôle, mais il est également important que les participants eux-mêmes ne sachent pas de quel groupe ils font partie. Mieux encore : les chercheurs qui mènent et évaluent cette étude ne doivent pas le savoir. Quand vous avez les données d'un patient sous les yeux, vous n'avez aucun moyen de savoir s'il a reçu le vrai médicament ou un placebo. En tant que scientifique, je ne suis qu'un être humain, et mes attentes risquent d'influencer mon évaluation de l'expérience et de troubler mon objectivité, consciemment ou non. Donc, nous ne nous faisons pas confiance, et c'est très bien ainsi. Cette méthode est appelée essai en aveugle, et une étude dans laquelle ni les participants, ni les scientifiques ne sont au courant de la composition des groupes est dite en double aveugle. Le mystère ne pourra être levé qu'après le traitement des données.

La mention « contrôlé », et de préférence « en double aveugle », est donc un critère de qualité pour un essai clinique. Venons-en maintenant au « randomisé ». Le jour où j'ai mentionné les essais randomisés contrôlés dans une de mes vidéos, beaucoup ont pris cela pour une piètre adaptation du terme anglais « *random* », qui signifie « au hasard ». Mais randomisé ne veut pas dire mené au hasard ; la randomisation consiste plutôt à provoquer volontairement le hasard. Qu'est-ce que je veux dire par là ?

Reprenons notre médicament anti-procrastination. Si nous voulons vérifier qu'il est efficace, c'est parce que nous souhaitons naturellement qu'il le soit. Il existe donc un risque que nous répartissions les membres des groupes de test et de contrôle à notre avantage, même inconsciemment. Je pourrais mettre les participants qui sont d'ores et déjà plus productifs et procrastinent peu dans mon groupe de test, et laisser les moins productifs dans le groupe placebo. Cela fausserait les résultats. Pour empêcher cela, on randomise les participants à l'essai, c'est-à-dire qu'on laisse un programme informatique tirer au sort l'affectation des participants à chaque groupe, pour que moi, en tant que scientifique, je ne puisse pas influencer ce choix.

J'espère que maintenant, vous comprenez pourquoi un ERC, c'est-à-dire un essai randomisé contrôlé, est la norme absolue des essais cliniques. Pourtant, malgré toutes les précautions, les interactions médicales sont si multiples et complexes que même les meilleures méthodes ne permettent pas automatiquement d'obtenir des réponses simples (on se souvient du chapitre 4). Même les meilleurs essais randomisés contrôlés peuvent donner des résultats non reproductibles.

C'est justement en psychologie que le problème de la reproductibilité est particulièrement grave. Ce n'est pas forcément parce que les psychologues font du mauvais travail, mais parce que les méthodes psychologiques ne sont pas aussi solides que les ERC. Par exemple, les études psychologiques reposent souvent sur des questionnaires, c'est-à-dire sur les affirmations des participants. Dans quelle mesure peut-on leur faire confiance ?

Eh bien, vous connaissez certainement la réponse : il n'y a pas de meilleure méthode pour déterminer comment quelqu'un se sent. Un entretien approfondi avec un expert capable d'évaluer les participants est aussi sujet à erreurs, parce que l'évaluation qualitative portée par le chercheur n'est pas équivalente à une mesure physique qui donne un chiffre. C'est ce qui explique pourquoi ces expériences ont des problèmes de reproductibilité. De plus, il faut un certain nombre de participants pour obtenir une certaine pertinence statistique. Un bon essai étudie le plus possible de participants. Il faut donc trouver des méthodes applicables à grande échelle, et reproductibles. Pourtant, même ainsi, les scientifiques peuvent travailler consciencieusement et correctement, mais commettre des erreurs, car l'erreur se cache au cœur des méthodes. Ainsi, je ne peux que répéter : faites attention aux méthodes quand vous étudiez des résultats scientifiques. Demandez-vous toujours : comment est-on arrivé à ces résultats ? Les résultats seuls peuvent être trompeurs. Je ne veux pas dire que toutes les études psychologiques ne valent rien. On peut toujours se réjouir de résultats tels que « le détergent au citron rend aimable » du moment qu'on sait qu'il faut garder un regard critique. Une réaction adéquate serait : « Étonnant, intéressant ! » plutôt que : « Je vais tout de suite vaporiser du détergent au citron dans la chambre des enfants ! »

Malheureusement, beaucoup de gens se méprennent sur la science en appliquant précipitamment les résultats scientifiques. L'idée que « l'ordre nous pousse à agir moralement » a inspiré la théorie dite de la vitre brisée en criminologie. D'après cette hypothèse, il faut réprimer fermement les petites infractions telles que les déchets dans la rue, les graffitis sur les murs ou les fenêtres brisées, parce que les crimes plus graves s'enracinent dans les délits mineurs. Il faut donc combattre ces délits avec rigueur et les punir sévèrement, car l'ordre et la propreté préviennent la criminalité.

Cette méthode a été et reste contestée, parce que les sanctions sont disproportionnées et que leur efficacité n'est pas prouvée. Certains s'appuient néanmoins sur les études scientifiques mentionnées plus haut. Encore un bon exemple qui montre que les résultats scientifiques ne sont souvent que des hypothèses bien étayées, pas toujours applicables directement.

Kathleen Vohs et ses collègues se sont toutefois demandé pourquoi, si les humains ont tellement besoin de structure et d'ordre, le chaos finit toujours par s'imposer. Est-ce que nous avons besoin de chaos autant que d'ordre ? Vohs a repris deux pièces, l'une rangée et l'autre en désordre, pour tester une hypothèse répandue, mais jusqu'à présent peu étayée scientifiquement : le chaos favorise la créativité.

Voici un petit exercice créatif pour vous. Imaginez que vous gérez une fabrique de balles de ping-pong et que vous rencontrez un problème : de moins en moins de gens jouent au ping-pong. Afin d'éviter la faillite, vous allez devoir trouver de nouvelles utilisations pour vos balles. Combien d'usages différents vous viennent en tête ? Faites preuve d'innovation, les idées les plus folles sont les bienvenues, même si elles seraient difficiles à mettre en œuvre.

C'est précisément l'exercice que Vohs a soumis aux deux groupes de participants. Ceux de la pièce en désordre ont eu des idées plus créatives et moins conventionnelles pour détourner les balles de ping-pong de leur utilisation normale, comme en faire des moules à boules de glace ou bien des modèles de molécules. L'un des atouts essentiels des personnes créatives est leur capacité à penser de manière non conventionnelle, à voir les choses dans un contexte inhabituel, à associer des idées sans rapport entre elles. Et il semble que le désordre nous aide.

Dans une autre expérience, Vohs a proposé aux participants des deux pièces des smoothies de fruits étiquetés « classique » ou « nouveau ». Dans la pièce rangée, les participants ont privilégié la boisson « classique », tandis que ceux de la pièce en désordre ont opté pour le « nouveau » smoothie. Le chaos nous encourage donc à nous tourner vers l'inconnu, le non-conventionnel, la nouveauté. Ainsi, Vohs a trouvé un côté positif au chaos. Sans une pensée créative et innovante, sans le courage d'aller vers la nouveauté, il n'y aurait ni art, ni progrès scientifique. Et malgré tout ce que je vous ai dit sur l'approche critique des études psychologiques, j'avoue que je cite très volontiers ce résultat scientifique, surtout quand j'ai des visiteurs impromptus qui se retrouvent face à mon chaos personnel.

En tant que chimiste, j'aime aussi considérer le chaos d'un point de vue thermodynamique. La thermodynamique est un domaine passionnant où la physique et la chimie se rencontrent. Les principes de la thermodynamique sont un peu comme les droits de l'homme, mais pour les molécules. Ils ne font pas de distinction entre différentes particules. Qu'on soit une molécule d'oxygène ou un atome d'or, les principes de la thermodynamique s'appliquent à tout le monde : tous les êtres vivants, tous les objets, toutes les molécules, tous les atomes, tous les processus physiques et chimiques.

La thermodynamique est (avec la mécanique quantique) la connaissance scientifique la plus fondamentale de notre monde et de notre univers. Et la thermodynamique dit que l'univers n'a pas seulement envie d'être chaotique, il *doit* être chaotique. Sinon, je m'étoufferais en plein milieu d'une phrase parce que toutes les molécules d'air de mon bureau se regrouperaient subitement dans un coin et que je me retrouverais dans le vide. Quelle idée absurde, me direz-vous ! Vraiment si absurde ?

L'air qui nous entoure est composé à 78 % d'azote et à 21 % d'oxygène, avec des gaz rares et du dioxyde de carbone pour le 1 % restant. Ces molécules de gaz, toutes ensemble, occupent moins de 0,1 % du volume, c'est-à-dire de l'espace. Le reste, c'est : rien !

Maintenant, regardez l'extrémité de votre petit doigt. Chez certains c'est un peu plus, chez d'autres un peu moins, mais admettons que le bout de votre petit doigt occupe un volume d'un centimètre cube. Dans le même volume d'air, on trouve environ 26 trillions de molécules de gaz. C'est un nombre à 20 chiffres avant la virgule.

Naturellement, toutes ces molécules d'air ont une masse. Une seule molécule ne pèse pas très lourd, mais au total, on arrive à environ 1,2 kg par mètre cube, c'est ce qu'on appelle la densité de l'air.

Mais on ne s'arrête pas là : non seulement ces molécules ont une masse, mais elles bougent ! Leur vitesse dépend de la température, on se souvient de la tasse de café du chapitre 1 : plus il fait chaud, plus elles vont vite. À la température ambiante, les molécules de gaz vrombissent autour de nos oreilles à une vitesse de plus de 1 000 km/h ! De vraies petites formules 1, ces molécules. On pourrait aussi dire qu'elles nous mettent la pression, parce que c'est le cas, littéralement : la pression est la force exercée par unité de surface ; et avec leurs collisions permanentes sur nous et d'autres surfaces, les molécules d'air exercent une pression, la pression atmosphérique. Celle-ci est égale à environ un bar, ce qui correspond à un poids de 10 000 kg par mètre carré.

Prenons une surface de 0,1 mètre carré au-dessus de ma tête (environ une feuille A4 et demie). La pression atmosphérique qui s'exerce est d'environ 1 000 kg, soit une tonne, le poids d'une petite voiture. C'est pareil pour vous ; nous sommes tous sans cesse bombardés de molécules d'air. Comment faisons-nous pour supporter cela ? Pourquoi ne ressentons-nous rien de cette énorme pression ?

Eh bien, nous sommes, nous aussi, composés de molécules. Celles-ci exercent une pression vers l'extérieur qui est pratiquement aussi élevée que la pression atmosphérique. Lorsque la pression extérieure varie, nous le sentons en général très vite dans les tympans. Cette fine membrane à l'intérieur de notre oreille passe inaperçue tant que la pression est égale des deux côtés. Mais dès que la pression extérieure change, par exemple dans un avion qui prend ou perd de l'altitude, on dirait que nos oreilles se bouchent. Quand la pression augmente à l'extérieur, les molécules d'air se pressent contre l'oreille et poussent le tympan vers l'intérieur ; si la pression extérieure baisse, ce sont les molécules d'air intérieures qui poussent le tympan vers l'extérieur. C'est ce qui nous donne cette impression d'oreilles bouchées. Et comme le tympan ne peut plus vibrer aussi librement, nous entendons moins bien. Mais l'oreille possède une espèce de soupape, la trompe d'Eustache, qui relie l'oreille au rhinopharynx. En général, elle est fermée, mais elle peut s'ouvrir brièvement quand on mâche ou qu'on bâille, ce qui équilibre la pression interne et la pression externe.

En avion, on sent la différence de pression parce que la densité de l'air diminue avec l'altitude. Mais que se passerait-il si on allait encore plus haut, dans l'espace, par exemple ?

Notre épaisse atmosphère, pleine de turbulentes molécules d'air, est une rareté dans l'univers. Les étendues infinies du cosmos sont pleines… de vide. Le vide signifie qu'il n'y a rien, aucune molécule. Que se passerait-il si on jetait un humain dans le vide de l'espace sans combinaison ? Spoiler : il mourrait. Mais la vraie question est : comment exactement ?

Ce scénario a été interprété dans de nombreux films de science-fiction. Dans *Star Wars : Épisode VIII*, par exemple, la princesse Leia est projetée dans l'espace et on dirait d'abord que son corps gèle, sa peau se couvre de petits cristaux de glace. De nombreux fans de *Star Wars* ont jugé cette scène trop irréaliste, parce que Leia survit en faisant appel à la Force pour se ramener dans le vaisseau. Pour moi, cette scène est surtout irréaliste parce que dans l'espace, on ne gèlerait pas si vite, même si l'espace est incroyablement froid. Quand je dis « incroyablement », je veux dire qu'on s'approche du zéro absolu, c'est-à-dire de la température la plus froide possible.

Puisque la température n'est rien d'autre que le mouvement des particules (souvenez-vous du chapitre 1), « le plus froid possible » est équivalent à « aussi lent que possible ».

On peut donc se représenter le zéro absolu, 0 Kelvin ou -273,15 °C, comme le point d'immobilité absolue. On ne peut pas faire plus froid que l'immobilité, les températures ont donc

VIDE

une limite physique inférieure. Pourtant, selon le troisième principe de la thermodynamique, il est impossible d'atteindre le zéro absolu en pratique. Le cosmos s'en rapproche assez, toutefois, avec 2,7 Kelvin soit -270,45 °C. Comment voulez-vous qu'on ne gèle *pas*, avec un froid pareil ?

C'est encore lié à notre café du chapitre 1. Le refroidissement s'effectue essentiellement par conduction thermique : pour cela, il faut que des molécules entrent en collision. Plus il y a de matière en contact, plus les particules se cognent souvent, mieux la conduction fonctionne. C'est pour cela qu'un seau rempli d'eau glacée est plus efficace pour rafraîchir des boissons qu'un seau rempli de glaçons (petite astuce au passage, si jamais vous recevez une visite impromptue et que vous voulez avoir des boissons fraîches rapidement). En effet, entre les glaçons, il y a de l'air, qui contient moins de molécules que l'eau dans un volume identique, ce qui implique qu'il y a moins de collisions de particules. C'est pour cela que les bouteilles refroidissent si lentement dans le réfrigérateur, parce que l'air est un mauvais conducteur thermique.

Mais le vide de l'espace est encore plus mauvais, parce qu'il ne contient aucune matière. C'est-à-dire qu'il n'y a pas de molécules auxquelles mon corps pourrait transmettre sa chaleur. On refroidirait donc seulement par rayonnement thermique, mais lentement. Ainsi, malgré la température proche du zéro absolu, on ne gèlerait pas instantanément dans l'espace.

Alors, peut-être qu'on exploserait ? L'idée : si la pression atmosphérique extérieure disparaît et que rien ne contrecarre la pression interne du corps, celui-ci explose. On voit de charmantes vidéos sur YouTube montrant des guimauves enrobées de chocolat placées sous une cloche à vide dont on aspire lentement l'air. La couche de chocolat se brise et le cœur de guimauve se dilate dans toutes les directions. Heureusement, nous ne sommes pas des guimauves au chocolat, notre peau et nos tissus sont assez solides pour que nous restions entiers.

Pas besoin d'explosion : les choses se passent d'une manière moins dramatique, mais tout aussi désagréable. Avant même de quitter notre atmosphère, à 18 ou 19 km d'altitude au-dessus du niveau de la mer, notre corps commence à bouillir, en quelque sorte. C'est ce qu'on appelle l'ébullisme (du latin *ebullire*, bouillir). Le nom a l'air sympathique, mais les symptômes le sont moins : l'eau contenue dans la bouche et les yeux commence à bouillonner, la circulation sanguine et la respiration sont perturbées, le cerveau ne reçoit pas sa dose d'oxygène parce que les artères se bloquent, les poumons enflent et peuvent se mettre à saigner. On préférerait retrouver rapidement le poids d'une voiture pleine de molécules d'air sur la tête…

Mais pourquoi notre corps commence-t-il à bouillonner ? Bouillonner, c'est bouillir, c'est-à-dire qu'un liquide s'évapore et se transforme en gaz. Pour faire bouillir quelque chose, j'ai en principe deux possibilités. La première, chauffer. Nous en avons déjà parlé au chapitre 1 : si je fais chauffer de l'eau, j'augmente le mouvement des molécules d'eau. À un moment donné, le besoin de bouger devient tellement fort que les molécules d'eau ne peuvent ou ne veulent plus rester ensemble, et elles s'évaporent. Mais il existe un autre moyen de faire bouillir un liquide : réduire la pression. On dit que l'eau bout à 100 °C : en réalité, c'est valable seulement à la pression atmosphérique qui règne au niveau de la mer. Au sommet de l'Everest, à

8 848 m d'altitude, l'eau bout dès 70 °C parce que la pression atmosphérique est inférieure. En effet, l'eau est liquide non seulement parce que les molécules d'eau sont liées entre elles, mais aussi parce que la pression atmosphérique s'exerce sur elles. De même que les molécules d'air nous appuient sur la tête, elles se cognent et appuient sur les molécules d'eau de ma casserole. Si je monte au sommet de l'Everest avec ma casserole, l'atmosphère est moins dense et il y a moins de molécules d'air qui se cognent sur l'eau. Plus la pression atmosphérique est faible, plus les molécules d'eau peuvent quitter facilement la casserole et s'évaporer. Et à 18 ou 19 km d'altitude, l'air est si ténu que l'eau s'évapore à la température du corps humain. Dans l'espace, où la pression est pratiquement nulle, l'évaporation ne pose plus aucun problème.

Par ailleurs, l'air de nos poumons se dilaterait énormément. Le volume d'un gaz, comme l'état de la matière, est influencé par deux facteurs. D'un côté, il y a la température : plus la température est basse, moins le gaz occupe d'espace ; plus elle est haute, plus le gaz prend de place. Pour le mettre en évidence, il suffit de prendre une bouteille et de remplacer le bouchon par un ballon enfilé sur le goulot. Tant que l'air ne peut pas s'échapper, on peut observer le ballon se gonfler quand on réchauffe la bouteille, par exemple dans un bain-marie. Dès qu'on refroidit la bouteille dans un bain d'eau froide, le ballon se dégonfle.

D'un autre côté, je peux modifier le volume du gaz en faisant varier la pression : quand je gonfle un ballon, les molécules d'air à l'intérieur se cognent contre la paroi du ballon. Sa taille ne dépend pas seulement de la quantité d'air que j'insuffle, mais aussi de la pression atmosphérique qui oppose sa résistance à l'extérieur. Si je réduis la pression extérieure, le ballon va encore grandir. Composé presque exclusivement de gaz, un ballon placé dans l'espace exploserait effectivement.

Expérience n° 2

On place un ballon sur le goulot d'une bouteille.

Dans l'eau chaude, l'air se dilate et « gonfle » le ballon.

Dans l'eau froide, le ballon se rétracte.

Si j'étais par inadvertance propulsée dans l'espace, je retiendrais peut-être instinctivement ma respiration, mais l'air de mes poumons se dilaterait et les ferait exploser. Il vaudrait donc mieux expirer le plus rapidement possible – ce qui n'a guère d'importance, je mourrais de toute façon.

Même si on ne risque pas d'exploser comme une guimauve au chocolat parce que notre peau et nos tissus restent intacts, on ne survivrait pas longtemps dans le vide. Dans les années 1960, l'astronaute américain Jim LeBlanc en a fait l'effrayante expérience, lorsque sa combinaison spatiale a eu une fuite pendant un test dans une chambre à vide. La dernière chose dont il dit se souvenir avant de perdre conscience, c'est le chatouillement de sa salive qui bouillait sur sa langue. Heureusement, il a été rapidement ramené à la pression atmosphérique et n'a subi aucune séquelle durable.

On bouillonne et on s'évapore, donc, mais la première chose qui causerait notre décès serait certainement moins spectaculaire : le manque d'oxygène. Heureusement pour nous, notre cerveau nous ferait perdre connaissance au bout de quelques secondes, de sorte que nous ne souffririons pas de la suite du calvaire. C'est pour cela que je suis d'accord avec les critiques de *Star Wars* : voir Leia faire appel à la Force, chose qui exige une intense concentration, alors qu'elle se trouve dans le vide spatial, voilà qui est totalement irréaliste.

On peut aussi se demander ce que deviendrait le corps après une telle mort dans l'espace. En deux mots, la réponse est : pas grand-chose. Les processus de décomposition qui se déroulent normalement à la fin de notre existence terrestre sont des réactions chimiques avec l'oxygène et l'eau, qui nécessitent un peu de chaleur et parfois l'aide de micro-organismes. Comme il n'y a rien de tout cela dans l'espace, un corps s'y conserverait très bien. C'est toujours ça.

Mais revenons un peu sur Terre avant de virer totalement au macabre. Pendant que je suis assise à mon bureau et que je télécharge ma vidéo, les molécules d'air vrombissent en nombre suffisant autour de moi. Quand la porte et les fenêtres sont fermées, elles ne peuvent pas s'échapper, mais à l'intérieur du bureau, elles se déplacent librement. Personne ne dit aux molécules d'air dans quelle direction elles doivent se déplacer. En théorie, il serait donc possible que par un pur hasard, toutes les molécules se précipitent au même moment vers un coin de la pièce, ce qui me priverait d'air à mon bureau et me condamnerait à mourir dans le vide sur Terre. C'est possible, oui, mais très, très improbable. C'est pour cela qu'en chimie physique, on parle très rarement de « possible » et « impossible », mais seulement de probabilités. D'ailleurs, c'est aussi à cela qu'on reconnaît les chimistes physiques en privé. Ils ne disent pas : « Je ne pourrais jamais courir un marathon », mais : « Il est hautement improbable que je réussisse à courir un marathon. »

Derrière cette improbabilité se cache le deuxième principe de la thermodynamique que nous connaissons déjà. Au chapitre 1, j'ai dit : « Ferme la fenêtre, toute la chaleur s'en va ! » La chaleur va toujours du chaud vers le froid, jamais l'inverse. On peut l'exprimer d'une manière encore plus générale : le désordre ne diminue jamais spontanément. Cela concerne l'univers dans son ensemble aussi bien que mon bureau. De lui-même, mon bureau ne va jamais devenir plus rangé, seulement plus chaotique. Tout processus volontaire de cet univers, qu'il soit physique, chimique ou biologique, entraîne une augmentation du désordre, à moins qu'on ne dépense du temps et de l'énergie pour inverser ou stopper ce processus (autrement dit, que je range mon bureau). Le désordre a même un nom savant : entropie. L'entropie de l'univers est toujours croissante.

Qu'est-ce que cela signifie pour ma survie dans mon bureau ? Si toutes les molécules de gaz de la pièce se déplacent librement et indépendamment les unes des autres, de la manière la plus chaotique et désordonnée, il s'ensuit logiquement qu'elles se répartissent à peu près équitablement dans le volume disponible. Si on voulait ranger toutes les molécules dans un coin de la pièce, il faudrait restreindre leur liberté de mouvement et amener de l'ordre dans le système. Or, c'est contre les lois de l'univers. Donc, c'est impossible. Euh, je veux dire que c'est hautement improbable.

Le deuxième principe de la thermodynamique fait également en sorte que tout ce qui est dans cette pièce soit à la température ambiante (à l'exception de mon corps, qui fait le nécessaire pour rester à 37 °C). Si j'apporte un café chaud dans mon bureau, il serait contraire au principe de l'entropie que le mouvement des particules de café ne se transmette pas au reste de la pièce. Finalement, le chaos assure une répartition aussi homogène que possible. Si je voulais mettre le plus de chaos possible dans mes vêtements, je ne les rangerais pas par couleur dans l'armoire, mais je les jetterais un peu partout – et en fin de compte, de manière homogène – dans la chambre.

Je prends une grande inspiration de molécules d'air et j'observe avec angoisse mon écran, parce que le téléchargement de la vidéo ne fonctionne pas. Prise d'un mauvais pressentiment, je me précipite dans le salon et je constate avec désespoir que toutes les lumières du routeur WLAN sont éteintes.

6
ET MOI, QU'EST-CE QUE J'Y GAGNE ?

Il y a quelques semaines, j'étais dans l'ICE et de mauvaise humeur. Je m'étais installée dans la voiture-bar où je venais d'acheter une gaufre belge avec des cerises et de la glace à la vanille, et je m'apprêtais à la déguster quand deux hommes en costume se sont installés en face de moi. Le plus vieux, qui aurait pu être mon père, a déclaré : « Oh, comme c'est joli ! » avant de se pencher vers moi en ajoutant : « La gaufre aussi a l'air pas mal, ha ha ha ! » Quant à son jeune collègue, il a eu un rire embarrassé.

Il existe une méthode fantastique pour exprimer silencieusement et dignement son dédain : le *slow-blink*. On garde un visage sans expression, on hausse simplement les sourcils tout en gardant le contact visuel avec l'importun, et on cligne une fois des yeux très lentement, pendant environ une seconde. J'ai donc levé les yeux de ma gaufre belge, haussé les sourcils, fixé du regard le jeune collègue qui, pour mon plaisir, ne savait plus où se mettre, puis j'ai regardé le vieux monsieur que ce contact visuel silencieux a semblé un peu irriter, avant de faire un long, long *slow-blink*. Ensuite, la jolie gaufre belge et moi-même nous sommes levées sans un mot, laissant les deux idiots figés au milieu de la voiture-bar.

Avant, j'aurais ri nerveusement avec eux, ou bien j'aurais fait un esclandre. Mais depuis que je fais des vidéos sur YouTube et que je reçois chaque semaine des milliers de commentaires, j'applique la méthode « configuration des gaz nobles ». Laissez-moi vous l'expliquer, vous la trouverez peut-être utile.

Les gaz nobles, ou gaz rares, figurent dans le huitième groupe principal du tableau périodique, et sont un vrai modèle de décontraction pour les relations interpersonnelles. Les plus connus sont les deux premiers, l'hélium (He) qui sert à gonfler des ballons, et le néon (Ne) qui remplit les tubes lumineux. Quand on continue la série, on rencontre l'argon (Ar), le krypton (Kr), le xénon (Xe), le radon (Rn) et l'oganesson (Og). Vous vous souvenez du chapitre 2 : dans le tableau périodique, les éléments sont classés par numéro atomique, c'est-à-dire en fonction du nombre de protons du noyau. Dans un groupe, plus on descend dans le tableau, plus les éléments sont lourds. Les noyaux lourds sont souvent radioactifs, ils sont instables et se désintègrent. Parmi les gaz nobles, le radon et l'oganesson sont radioactifs, donc nous les laisserons de côté, car à part eux, les gaz nobles se distinguent par leur remarquable stabilité. Ils sont incroyablement inertes, ils ne veulent pas s'abaisser à avoir une liaison avec n'importe qui. *They can't be bothered*, dirait-on en anglais. C'est exactement ce qui les rend si « nobles ».

Si on les compare au fluor du chapitre 2, dont l'unique ambition dans son agressive et courte vie consiste à chercher un partenaire, les gaz nobles n'ont besoin de rien. C'est parce qu'ils possèdent huit électrons sur leur couche de valence – rappelez-vous la règle de l'octet. Alors que le fluor ne trouve la paix qu'après s'être lié au carbone dans le Téflon ou au sodium dans le dentifrice, les gaz nobles sont tranquilles dès le départ. Pendant que tous les autres éléments des groupes principaux établissent des liaisons pour obtenir leurs huit électrons de valence, un gaz noble a déjà tout ce dont il pourrait rêver. C'est pour cela qu'on appelle parfois la règle de l'octet règle des gaz nobles, et qu'une couche de valence pleine représente la configuration des gaz nobles. C'est aussi le nom que je donne à un tempérament décontracté et digne. Voilà un bon mantra à se réciter quand on fait face à des futilités énervantes qui n'ont en fait aucune importance : « Tu es un gaz noble, tu es un gaz noble ! »

Les gaz nobles sont si satisfaits d'eux-mêmes qu'ils ne forment même pas de liaisons entre eux. Prenons par exemple d'autres gaz comme l'azote ou l'oxygène : ces gaz sont constitués de ce qu'on appelle des dimères. Une molécule d'azote est composée de deux atomes d'azote, N_2 ; une molécule d'oxygène de deux atomes d'oxygène, O_2 ; et il en va de même avec l'hydrogène, H_2. Les gaz nobles, eux, sont tellement heureux qu'ils volettent tous seuls dans leur coin, et restent donc des monomères.

D'un point de vue chimique, les gaz nobles ne sont pas particulièrement intéressants, puisqu'il ne se passe jamais rien avec eux. Au contraire, on utilise l'argon en laboratoire, avec l'azote, comme gaz protecteur. Imaginez que vous voulez réaliser une réaction chimique en laboratoire, mais que les substances avec lesquelles vous travaillez sont tellement sensibles à l'air qu'elles réagissent immédiatement avec l'oxygène et disparaissent. D'autres sont extrêmement sensibles à l'eau, et l'humidité ambiante d'une pièce normale suffit à les détruire.

Bon, qu'est-ce que signifie détruire ? Une substance super-sensible à l'oxygène aime l'oxygène. Pour elle, il n'y a rien de plus beau que de réagir avec l'oxygène. Mais les chimistes sont aussi en mesure de conclure des mariages arrangés, de réunir des substances qui ne se rencontreraient pas spontanément. Par exemple en expulsant l'air d'un alambic et en plaçant tout l'appareillage sous une atmosphère d'argon. Dès que l'argon inerte a remplacé tout l'air, on peut tranquillement mener ses réactions sans que l'oxygène ou l'humidité s'interpose.

Si les gaz nobles n'étaient pas aussi inertes, ce ne serait pas une bonne idée de respirer de l'hélium pour avoir une drôle de voix. Par exemple, il faut faire preuve d'une grande prudence avec l'oxygène pur (on y reviendra au chapitre 10).

Les gaz nobles font leurs affaires et restent au-dessus de la mêlée. C'est très inspirant quand on a affaire à de vieux bonshommes dégoûtants dans la voiture-bar. En configuration de gaz noble, on n'a pas besoin de réagir à ce genre de chose. Et c'est ainsi que ma gaufre belge et moi sommes sorties dignement, comme une molécule monomère d'argon.

De retour à ma place, j'ai toutefois perdu mon calme et ma noblesse en constatant que l'internet du train ne fonctionnait pas. C'est là que j'ai fini par me mettre de mauvaise humeur. J'avais encore beaucoup de travail à terminer. Un autre vieux monsieur – plus agréable, celui-là – assis en face de moi a murmuré d'un ton docte : « Ah, de nos jours on ne sait plus quoi faire sans internet, n'est-ce pas ? » avant de m'offrir son journal. J'ai renoncé à lui expliquer ce que signifie internet aujourd'hui.

Me voilà donc dans un angle de mon balcon, pressée contre la balustrade, en train de me contorsionner pour avoir du réseau avec mon mobile. Je suis coupée du monde extérieur sauf dans l'angle de ce balcon, où j'ai au moins assez de réseau pour appeler Christine.

– Je peux passer ? Je suis en panne d'internet et il faut encore que je charge une vidéo.

– Quoi, encore en panne ?

C'est effectivement la deuxième fois en un mois que je tombe en panne d'internet, ce qui est particulièrement grave dans un appartement où le téléphone mobile ne passe pas. Il faudrait que je prenne une assurance.

– Bien sûr, tu peux passer, un peu de distraction me fera du bien.

Quelle chance que Christine et moi ayons atterri dans la même ville ! Nous nous sommes rencontrées pendant notre doctorat, nous avions le même directeur de thèse et nous avons fait front ensemble. D'ailleurs, nous ne sommes pas particulièrement intelligentes juste parce que nous avons obtenu notre doctorat. Environ 85 % des étudiants en chimie s'attaquent à un doctorat après leur master. C'est presque devenu la formation standard du chimiste. Pour faire un doctorat, il faut surtout une grande résistance à la frustration ; de ce point de vue, on peut être fier de l'obtenir, mais il ne faut pas se faire beaucoup d'illusions ensuite.

Cela dit, Christine est vraiment très intelligente, indépendamment de son grade universitaire. Après le doctorat, elle a fait ce qu'on appelle un postdoc aux États-Unis. Explication : un postdoc est un peu comme un doctorant, sauf qu'il a déjà son doctorat, mais qu'il se laisse encore exploiter à l'université. Si je devais décrire la hiérarchie d'une université, je dirais cyniquement que tout en haut, on a les professeurs assis comme les dieux sur l'Olympe, tout en bas il y a les doctorants qui triment comme la main-d'œuvre bon marché qu'ils sont, et de cette masse émergent les postdocs (on ne parlera même pas des autres étudiants). Dans un cursus universitaire, le postdoc est l'étape qui précède l'habilitation universitaire ou, en Allemagne, un poste de professeur junior, mais dans le secteur privé aussi, les sociétés pharmaceutiques réclament de plus en plus souvent une expérience de postdoc pour un premier emploi. Quelle inflation absurde des qualifications !

Avec sa licence en gestion d'entreprise, mon copain d'école Daniel, qui était à l'époque trop bête pour calculer la dérivée d'une fonction exponentielle, gagne aujourd'hui plus que n'importe quel postdoc. Mais ce n'est pas la rémunération en elle-même qui dissuade d'une carrière universitaire : pour s'imposer à l'université, il faut sacrifier à la science toute sa vie, y compris sa vie privée et son sommeil. Christine n'a jamais un week-end libre. Alors que nous habitons dans la même ville, je ne la vois généralement que si je lui rends visite au labo. Et tout ce travail ne garantit pas la sécurité de l'emploi. On passe d'un contrat à durée déterminée à un autre, et il n'y a qu'un terminus au bout des rails du parcours universitaire : un poste de professeur à vie. Si on est extrêmement bon, on atteint ce terminus vers la fin de la trentaine. Même si seule une minuscule élite parvient à l'habilitation, il n'y a tout simplement pas assez de postes de professeur à pourvoir. Il ne suffit pas de travailler dur ni de faire preuve d'intelligence et de talent, il faut en plus une grosse dose de chance. Si on ne réussit pas à décrocher un poste de professeur, on se retrouve un jour planté là, complètement surqualifié, à devoir aller postuler dans l'industrie aux mêmes emplois que ses propres étudiants.

Pourquoi s'imposer tout cela ? Pour l'amour de la science ? La recherche demande effectivement une bonne dose d'idéalisme et une ferme conviction dans les principes de base de la science. On veut exercer un métier qui apporte quelque chose à la société. Pour dire des banalités : servir l'humanité ou rendre le monde un peu meilleur ! Mais il y a du danger dans cette idée, comme le montre un article tout à fait intéressant de Ranga Yogeshwar[1] intitulé « *Und was bringt's mir ?* » (Et qu'est-ce que j'y gagne ?). Il y réfléchit sur la « valeur » de la science et met en garde contre la commercialisation de la recherche, ou plus simplement contre la question « Qu'est-ce que cela rapporte ? ». En voici un extrait :

« Ceux qui veulent [...] réduire la curiosité scientifique et le besoin profond de mieux comprendre ce monde à des catégories économiques commettent une erreur. Tout ce qui fait l'objet de recherches n'entre pas dans ce modèle. Par exemple, qu'est-ce qu'une "unité de recherche spéciale 933", qui élabore de nouvelles approches interprétatives des textes antiques et médiévaux, peut "rapporter" ? Elle est subventionnée à hauteur de 11,5 millions d'euros. La DFG [*Deutsche Forschungsgemeinschaft*, institution allemande de promotion de la recherche scientifique] finance également un projet autour du *mammisi* du temple égyptien d'Edfou, où l'argent de nos

1. NdT : ancien animateur de l'émission scientifique *Quarks* désormais co-animée par Mai.

impôts est employé à traduire les hiéroglyphes du sanctuaire, de la salle d'offrandes et d'une grande partie du vestibule. Qu'est-ce que ces recherches peuvent bien nous rapporter ? La traduction de hiéroglyphes égyptiens antiques ne va pas faire augmenter le PIB du pays et nous assurer une économie florissante. Mais est-ce qu'il ne s'agit pas d'un fabuleux projet scientifique ? Il tente de résoudre l'énigme d'une grande civilisation ancienne et améliore notre compréhension du passé. Les recherches sur les propriétés du boson de Higgs ou la preuve de l'existence des ondes gravitationnelles n'ont pas de "retour sur investissement" économique non plus, et même l'essaimage d'entreprises dans ces disciplines, quand on y regarde de près, ne constitue pas un argument décisif. Depuis des décennies, j'observe un paysage scientifique qui cherche à justifier vis-à-vis de l'extérieur ses motivations internes, à savoir la curiosité et la soif de connaissances, par des arguments utilitaires. [...]

Est-ce qu'il n'est pas temps que la science, avec assurance et passion, forme un contrepoids à l'obsession des perspectives économiques ? »

L'idée que la recherche doit être utile à l'humanité est louable, au premier abord. Cependant, nos intérêts humains sont souvent d'ordre économique et financier. Cet état d'esprit utilitaire menace l'indépendance de la recherche – une indépendance essentielle dans notre société, une voix qui doit opposer la sincérité aux intérêts égoïstes. C'est le seul moyen pour que la science rende vraiment le monde un peu meilleur, comme on le dit si bien.

Mais les scientifiques aussi se demandent « Qu'est-ce que j'y gagne ? », comme l'observe Ranga :

« Chez Google DeepMind à Londres, par exemple, les frais de personnel des 400 employés se sont élevés à 138 millions de dollars en 2016, en moyenne 345 000 $ US par personne. Conséquence : des scientifiques d'exception quittent les instituts de recherche publics et les universités pour se mettre au service de grandes entreprises privées qui payent bien. Le facteur "qu'est-ce que j'y gagne ?" tarit les compétences des institutions publiques indépendantes, où on manque de plus en plus de têtes bien faites. »

Seulement, quand on traduit « qu'est-ce que j'y gagne ? », chez ces têtes bien faites, par « je refuse de me laisser exploiter » ou « j'aimerais bien avoir une vie privée », ou « j'ai encore un peu d'amour-propre », rien d'étonnant à ce que d'excellents scientifiques tournent le dos à l'université et aillent au moins se faire payer correctement dans l'industrie.

Christine s'est fixé son 35e anniversaire pour limite : d'ici là, si elle ne voit pas de bonnes chances de décrocher un poste de professeur, elle quittera la barque elle aussi. C'est la plus jeune professeure junior de l'institut de recherche, et jusqu'à présent elle réussit très bien. Mais seul le temps dira si elle peut s'installer à long terme dans la science.

Elle a effectué son postdoc au *Massachusetts Institute of Technology* (le fameux MIT) de Boston, le « Harvard des sciences naturelles ». Pendant cette période, elle a croulé sous les demandes. On lui a payé l'avion pour venir en Allemagne donner des conférences dans l'industrie chimique, elle avait sur la table une offre du cabinet de conseil McKinsey. Pourtant, elle voulait rester dans la recherche et a sauté sur son poste actuel de professeur junior. Je trouve cela en même temps idiot et remarquable. Idiot parce qu'elle se fait exploiter par le système. Remarquable parce qu'on a besoin de gens comme elle pour renverser ce système, parce qu'elle refuse la question « qu'est-ce que j'y gagne ? ». Et je me réjouis naturellement de son retour en Allemagne, tout près de chez moi, qui plus est.

Christine est mon lien le plus étroit avec le monde du laboratoire et de l'université. Parfois, elle me prête son labo pour y tourner des séquences. Et elle a aussi un accès internet suffisamment rapide qui m'a déjà sauvé la vie la dernière fois. Je copie donc ma vidéo sur une clé USB et je prends le chemin de l'institut.

L'institut est un centre de recherche interdisciplinaire où les frontières entre les différentes spécialités doivent être abolies. Par exemple, Christine travaille en étroite collaboration avec un ingénieur et une informaticienne. De nos jours, on ne va pas très loin si on se contente de rester dans sa propre spécialité. Les grands problèmes du monde actuel sont pluridisciplinaires et appellent des solutions pluridisciplinaires. De toute manière, les frontières entre les spécialités sont parfaitement arbitraires. Par exemple, dans ses recherches, Christine est plus proche de la physique que de bien d'autres domaines de la chimie. Pendant notre doctorat, nos deux sujets de recherche en chimie étaient si éloignés que nous n'avons jamais réussi à monter un projet commun, alors que nous en rêvions.

En gros, il y a trois grands domaines en chimie : la chimie inorganique, la chimie organique et la chimie physique. Naturellement, il existe d'autres spécialités, mais ce sont les trois domaines de base qu'on étudie en détail dans tout cursus de chimie.

Comme son nom l'indique, la chimie physique est le lien entre la physique et la chimie. Elle inclut la thermodynamique et la mécanique quantique, mais aussi ce que Christine fait, à savoir la prédiction de réactions chimiques par simulations informatiques.

La chimie organique est un domaine qui tourne essentiellement autour d'un seul élément : le carbone (C). Et de tout ce qui se lie volontiers au carbone, comme l'hydrogène (H), l'oxygène (O), l'azote (N) ou le phosphore (P). La chimie organique se préoccupe donc « seulement » de toutes les liaisons et réactions incluant du carbone. J'écris « seulement » entre guillemets, parce que la chimie organique est un domaine immense. Toute la vie sur Terre est basée sur le carbone. Nous sommes à base de carbone. Ce livre est à base de carbone. Toutes les formules chimiques mentionnées dans ce livre contiennent du carbone. Et on peut même supposer que la vie extraterrestre, si elle existe, doit elle aussi être à base de carbone, car aucun autre élément n'a de propriétés chimiques aussi variées.

Si vous lisez ce livre sur une liseuse ou une tablette, la chimie inorganique ou chimie minérale joue également un grand rôle. Inorganique, c'est-à-dire « non organique », désigne tout ce qui ne contient *pas* de carbone. On dirait que cela concerne beaucoup de choses quand on regarde le tableau périodique, mais dans la nature, au premier coup d'œil, c'est beaucoup moins riche : essentiellement des sels, des minéraux et des métaux. Certains spécialistes de chimie organique considèrent avec dédain que les chimistes inorganiques ne s'occupent que de cailloux. D'abord, les cailloux ne sont pas si inintéressants ; ensuite, la chimie inorganique peut être bien plus que cela, et même extraordinaire. Elle est notamment à la base de tous les gadgets techniques : le smartphone en est un véritable chef-d'œuvre. Et avec quelques notions, on peut découvrir comment faire tenir plus longtemps une batterie de portable – rien que cela mérite de s'attarder un peu sur la chimie d'un portable, non ?

Notre smartphone se compose de plus de soixante-dix éléments différents. Le carbone en fait partie, mais ce sont les métaux qui rendent le téléphone si intéressant. Par exemple, il contient quelques centaines de milligrammes d'argent et environ 30 milligrammes d'or dans ses circuits microélectroniques. L'écran est parcouru d'un réseau de fins fils d'oxyde d'indium-étain qui détectent la conductivité électrique de nos doigts et lui donnent son caractère « tactile ».

Mais ce qui rend un smartphone vraiment « smart », c'est un groupe spécifique de métaux précieux, les terres rares ou métaux rares. Dans le tableau périodique, ils font partie des groupes secondaires : il s'agit notamment du scandium (Sc), de l'yttrium (Y) et de toute la ligne formant la famille des lanthanides. Ceux-ci sont généralement représentés avec les actinides en dessous du tableau, sinon il serait trop large.

Au premier coup d'œil, les terres rares se distinguent par leurs noms plutôt spectaculaires. Le terbium (Tb), le praséodyme (Pr), l'yttrium (Y), le gadolinium (Gd) ou l'europium (Eu) assurent les couleurs lumineuses qui mettent en valeur nos photos Instagram. Le néodyme (Nd) et le dysprosium (Dy) transforment les aimants ordinaires en super-aimants pour les haut-parleurs et les microphones. Ces deux éléments sont également utilisés dans la technologie des alarmes vibrantes.

Dans les ampoules basse consommation, les terres rares donnent une lumière plus naturelle ; elles sont aussi utilisées dans les technologies vertes telles que les cellules photovoltaïques ou les éoliennes. De très faibles quantités suffisent à dévoiler toute leur puissance, ce qui leur donne leur surnom allemand de *Gewürzmetalle*, « métaux épices » (c'est certainement vexant pour le sodium, qui est aussi un métal et mériterait mieux ce nom, en tant que composant du sel de table !). Malgré quelques applications durables, l'extraction des terres rares est tout sauf écologique. Ces métaux ne sont pas aussi rares que leur nom pourrait le laisser penser. Ils sont même plutôt fréquents dans la croûte terrestre, mais ils se cachent bien dans les minerais. Leur exploitation est donc chère, consomme beaucoup d'énergie, et se déroule fréquemment dans des conditions de travail indignes. Les plus grands gisements de terres rares se trouvent en Chine, qui possède un quasi-monopole sur certains de ces éléments. C'est un immense avantage compétitif à notre époque high-tech, où je dois quitter mon appartement dès que le réseau tombe en panne.

Plus nous achetons de smartphones, plus les terres rares sont chères. Pourtant, les opérateurs téléphoniques nous attirent avec des offres permettant de remplacer chaque année son smartphone par un nouveau modèle. Si nous n'utilisons pas nos appareils de manière plus durable avant de les recycler correctement, nous aurons vite un problème. Les déchets plastiques ne sont pas le seul problème de notre société moderne. Et bien sûr, la plupart des portables et des tablettes sont conçus pour être difficiles à réparer soi-même. Il suffit souvent d'une batterie épuisée ou d'un écran cassé pour s'acheter un appareil neuf (bien sûr, on pourrait envoyer l'appareil en réparation, mais comment se passer de son smartphone pendant plus d'une journée ?).

D'ailleurs, si les écrans des portables se cassent aussi facilement, ce n'est pas un méchant tour des fabricants. En fait, ces écrans sont remarquablement robustes et représentent un petit tour de génie chimique. En fait, nous n'avons pas affaire à du verre ordinaire : la plupart des appareils utilisent du verre Gorilla® Glass. Pour fabriquer ce matériau au nom impressionnant, on prend du verre d'aluminosilicate, composé d'atomes de silicium, d'aluminium et d'oxygène formant une structure tridimensionnelle. Cette structure possède une charge négative compensée par la charge positive d'ions sodium nichés dans les interstices. Mais cela ne fait pas encore du « Gorilla Glass ». Pour cela, il faut plonger le verre d'aluminosilicate dans une solution saline chaude contenant des ions potassium positifs.

On a déjà rencontré les sels de potassium dans la fabrication du savon. Si on regarde le tableau périodique, on découvre l'élément potassium (K) juste en dessous du sodium (Na) : c'est également un métal alcalin. Tout comme le sodium, le potassium se présente de préférence sous forme d'ions positifs (voir la règle de l'octet), mais l'ion potassium est nettement plus gros que l'ion sodium.

Qu'est-ce que cela signifie pour notre Gorilla Glass ? Quand on plonge le verre d'aluminosilicate dans une solution de sels de potassium chaude, les gros ions potassium chassent les ions sodium de la structure de silicate et se glissent à leur place. La température élevée et le mouvement globalement plus rapide des particules facilitent cet échange qui semble plutôt inconfortable. Dès que l'ensemble refroidit, il reste un verre à la structure légèrement modifiée, dans laquelle des ions potassium un peu trop gros sont installés dans des interstices un peu trop petits pour eux. Grâce à cette compression accrue, le matériau est plus robuste : voilà le Gorilla Glass.

Mais pourquoi est-ce que nos écrans de portables se cassent quand même ? Eh bien, avec du verre ordinaire, ils se casseraient encore plus souvent. La survie d'un écran de portable dépend naturellement de la force de la chute. Si un téléphone tombe à peu près à plat, on a de bonnes chances qu'il ne lui arrive rien, parce que le choc se répartira sur une plus grande surface. Au chapitre 5, on a vu au sujet de la pression atmosphérique que la pression est la force exercée par unité de surface : plus la surface de chute est réduite, plus la pression est forte. Ainsi, si le téléphone tombe sur un angle, il subira beaucoup plus de pression et la rupture de l'écran sera presque inévitable.

Pour la même raison, si on se trouve dans un ascenseur en train de tomber, il faut autant que possible s'allonger par terre pour répartir la force du choc sur une plus grande surface. Seulement, c'est assez difficile de s'allonger quand on a commencé à tomber, parce qu'on se retrouve quasiment en apesanteur artificielle. Pour plus de sécurité, il faudrait s'allonger dès le début du trajet, ce qui pourrait occasionner des situations étranges avec les autres passagers. Mais c'est juste une remarque en passant, parce que les ascenseurs sont assez bien protégés pour ne pas tomber, de toute manière.

En tout cas, il vaut mieux se procurer une coque de protection pour son portable, même si le beau smartphone perd un peu de son élégance. Personnellement, je n'ai encore jamais cassé mon écran. Mais pendant que je suis dans le bus pour me rendre chez Christine, je constate que ma batterie est presque vide et j'éteins mon portable.

L'autonomie des batteries, voilà un sujet pénible, n'est-ce pas ? Est-ce que vous vous souvenez de l'autonomie des batteries il y a quinze ans ? Il suffisait de les recharger tous les trois à six jours, selon le temps qu'on avait passé à jouer à *Snake*. Aujourd'hui, je suis heureuse si je passe la journée sans devoir brancher mon portable. Pourtant, dès qu'on comprend comment fonctionne une batterie d'un point de vue chimique, on sait comment s'en servir de la meilleure manière pour en tirer le maximum. Et c'est là que nous arrivons à l'autre aspect du « Qu'est-ce que j'y gagne ? » : j'entends régulièrement dire que les sciences naturelles ne serviront à rien dans la vie, donc que ce n'est pas vraiment la peine d'y faire attention à l'école. J'espère que maintenant, vous verrez les choses autrement.

Il existe différentes sortes de piles et de batteries. Au quotidien, les plus utiles sont actuellement les batteries lithium-ion. C'est ce qu'emploie Apple, par exemple. Sur le site de l'entreprise, on peut lire : « Par rapport à la technologie des batteries traditionnelles, les batteries au lithium-ion se chargent plus rapidement, durent plus longtemps et ont une densité de puissance supérieure, ce qui se traduit par des batteries plus légères à l'autonomie plus grande. » Il semble donc y avoir de bonnes raisons pour que les téléphones, les tablettes, les PC portables et même les voitures Tesla fonctionnent avec des batteries lithium-ion.

Petite précision de vocabulaire : dans ce chapitre, je vais parler uniquement des batteries *rechargeables*, que je les appelle batteries, accus ou piles. La différence, à l'origine, c'est que les piles, ou batteries primaires, ne sont pas rechargeables après utilisation, contrairement aux accumulateurs (ou batteries secondaires). Aujourd'hui, on parle aussi bien de piles que de batteries rechargeables.

Une batterie fournit de l'électricité, c'est-à-dire un flux d'électrons, à un appareil. C'est une sorte de distributeur portatif d'électrons. Elle est construite selon le principe ci-dessous :

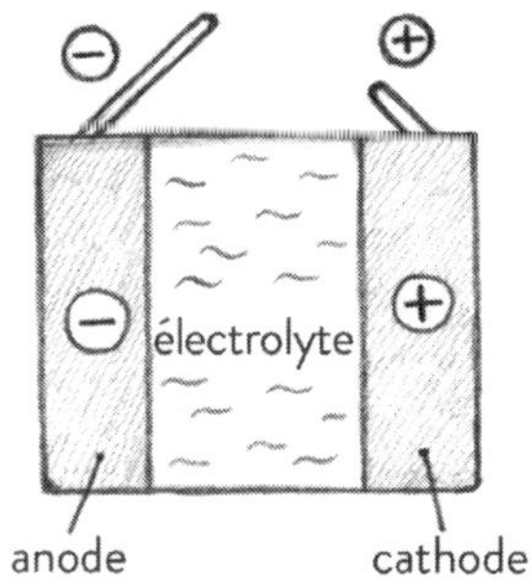

principe de base d'une batterie

Ses principaux composants sont les électrodes, l'une au pôle positif, l'autre au pôle négatif. L'électrode positive s'appelle la cathode, l'électrode négative s'appelle l'anode. On peut imaginer que ces deux pôles sont reliés par un câble conducteur qui passe par le téléphone et fournit du courant à ses composants. Les électrons se déplacent donc de l'anode vers la cathode à travers le téléphone. Mais dans la batterie, les électrodes sont également reliées, par un électrolyte. Le terme électrolyte désigne tous les liquides ou solides capables de conduire une charge électrique. Cependant, ils ne conduisent pas des électrons, mais des ions, positifs aussi bien que négatifs. D'ailleurs, nous sommes nous-mêmes constitués en grande partie d'électrolyte – de l'eau contenant toutes sortes d'ions.

La recette de base d'une batterie est donc la suivante : une cathode, une anode et un électrolyte. Le type de batterie dépend des substances chimiques employées pour ces trois composants.

Dans une batterie lithium-ion, la cathode est souvent faite d'un alliage de lithium, d'oxygène et d'un autre métal, par exemple du cobalt. Cela donne de l'oxyde de cobalt et de lithium. Les atomes de cobalt et d'oxygène forment des couches entourant des ions de lithium.

L'anode est le plus souvent en graphite, c'est-à-dire en carbone. Le graphite est lui aussi disposé en couches.

Quand je raccorde mon portable au câble de chargement, j'applique de l'extérieur une tension inverse sur la batterie. Il se passe alors quelque chose de déroutant, d'un point de vue linguistique du moins. Alors qu'on vient juste de faire connaissance avec deux nouvelles notions, la cathode et l'anode, il faut déjà les inverser. En effet, pendant un processus de charge, l'électrode positive en oxyde de cobalt et de lithium s'appelle l'anode, tandis que l'électrode négative en graphite s'appelle la cathode. Exactement l'inverse du processus de décharge. Pourquoi est-ce que les chimistes se compliquent autant la tâche avec un tel vocabulaire ? En fait, c'est à cause des réactions chimiques qui se déroulent dans ces électrodes. Nous allons y revenir, mais pour l'instant il est certainement plus simple de parler du pôle positif et du pôle négatif.

Quand je charge mon téléphone, le pôle négatif se charge d'électrons qui s'insèrent dans le graphite. Cet afflux d'électrons provoque un surplus de charges négatives, ce qui rend le chargement de plus en plus difficile : en effet, les charges identiques se repoussent – le négatif repousse le négatif, pareil pour le positif. En l'état, on ne peut donc pas faire le plein d'électrons négatifs dans une électrode. En revanche, les charges opposées s'attirent mutuellement, et c'est là que les ions lithium positifs qui donnent leur nom aux batteries lithium-ion entrent en jeu. Ils s'échappent du pôle positif, l'électrode en oxyde de cobalt et de lithium, et traversent l'électrolyte jusqu'au pôle négatif, l'électrode en graphite, où ils captent les électrons. Cet équilibre des charges permet de remplir la batterie d'électrons.

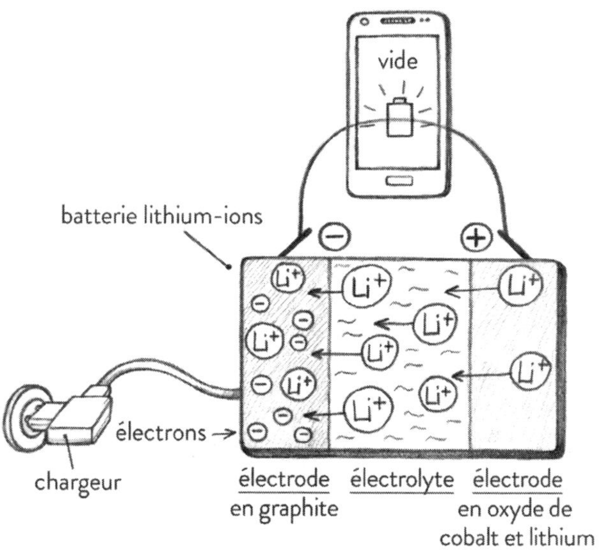

Maintenant, les électrons ne se contentent pas de se promener dans les parages, ils sont accueillis « à bras chimiques ouverts ». Pour les chimistes parmi vous, l'équation de la réaction est la suivante : $C_n + xLi^+ + xe^-$ donne Li_xC_n. Pas d'inquiétude pour les non-chimistes, il vous suffit de vous intéresser à une certaine partie de cette équation, le « $+ xe^-$ ».

Le x est simplement là pour indiquer un nombre variable, tandis que le « e^- » représente un électron. Cela signifie que dans cette réaction chimique, des éléments captent des électrons. On appelle cela une réduction. On parle toujours de réduction quand un élément, un ion ou une liaison chimique capte des électrons.

Maintenant que j'ai chargé à fond mon pôle négatif avec des électrons, alors que le pôle positif n'en a pas, il se crée une tension électrique entre les deux pôles. On peut se représenter la tension électrique comme une cascade d'électrons, un peu comme dans un barrage sur un cours d'eau. Charger le pôle négatif d'électrons revient en quelque sorte à pomper de l'eau de l'aval vers l'amont. Dès que j'ouvre les vannes, l'eau se précipite en cascade. C'est exactement ce qui se passe dès que je retire le câble de chargement. Lorsque je me sers du téléphone, la réaction chimique s'inverse : les électrons capturés sont libérés. Ils filent maintenant, sous forme de courant électrique, à travers le portable. L'opposé de la réaction de réduction s'appelle l'oxydation. Une oxydation est une réaction chimique dans laquelle des électrons sont cédés.

Pendant que les électrons libérés alimentent le mobile, les ions lithium reviennent à leur point de départ par le même chemin qu'à l'aller, en traversant l'électrolyte. De l'autre côté, dans le pôle positif, ils retrouvent les électrons. Une fois que tous les électrons sont arrivés, la batterie est vide, et on peut tout recommencer depuis le début !

Comme les ions lithium qui font la navette entre les deux électrodes à chaque cycle de charge et de décharge se balancent en quelque sorte d'un pôle à l'autre, on parle parfois aussi du « principe du rocking-chair ».

Revenons maintenant à notre souci terminologique de « cathode » et d'« anode ». Dans une pile non rechargeable, la cathode est toujours le pôle positif, tandis que l'anode est toujours le pôle négatif. Dans les batteries rechargeables, en

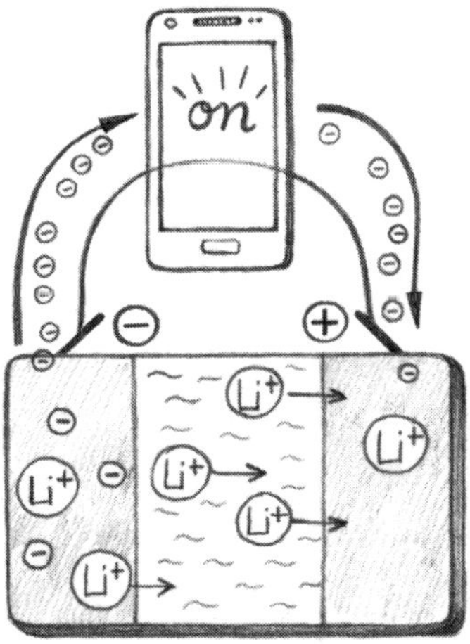

revanche, cela n'est qu'à moitié vrai, puisque nous venons de voir que la charge et la décharge sont deux processus chimiques opposés. Ici, il faut donc définir autrement les électrodes : l'anode est l'électrode où se produit l'oxydation, et la cathode est l'électrode où se produit la réduction.

Lorsqu'on charge un portable, il se produit une réduction au pôle négatif et une oxydation au pôle positif, puis c'est l'inverse quand on le décharge. L'oxydation et la réduction vont toujours de pair, il y a toujours un côté qui donne (oxydation) et un côté qui prend (réduction) des électrons. C'est pourquoi on les regroupe dans une seule expression : l'oxydoréduction, ou redox. Et voilà, vous venez de suivre votre premier cours de chimie redox, félicitations !

Maintenant, on entend souvent dire qu'il faut laisser la batterie de son mobile se vider avant de la recharger, et qu'il faut faire attention à ne pas laisser le chargeur branché trop longtemps. C'est vrai pour les batteries au nickel, comme celles qui se cachent dans les télécommandes de télévision, ou pour les anciennes batteries au plomb. Mais avec les nouvelles batteries lithium-ion, on peut laisser le chargeur branché aussi longtemps qu'on veut, car elles sont conçues pour que la charge s'arrête automatiquement quand elles sont pleines. Sinon, nos smartphones deviendraient plutôt dangereux. Ils l'ont été, d'ailleurs, par exemple en 2016 quand quelques *Samsung Galaxy Note* ont explosé spontanément entre les mains de leurs propriétaires. Au sein de la batterie, les matériaux chargés d'énergie au sens propre sont soigneusement protégés du monde extérieur et des réactifs éventuels. Mais en cas de surchauffe extrême, de dégradation du boîtier ou d'erreurs de construction entraînant une surcharge, les choses se gâtent. En combinaison avec les solvants inflammables qui font partie de l'électrolyte, on a une véritable minibombe.

Pour l'un des concepteurs de la batterie lithium-ion, John Goodenough, les modèles actuels ne sont pas encore « *good enough* », il travaille en ce moment sur une variante encore plus sûre.

Son atout maître doit être un électrolyte solide, vitreux. Mais n'ayez aucune inquiétude, pas besoin de vous faire un sang d'encre jusqu'à ce que ces nouvelles batteries ou d'autres modèles arrivent sur le marché : les explosions des modèles Samsung étaient dues à une erreur de production qui ne devrait pas se reproduire de sitôt. Imaginez, si les grosses batteries lithium-ion d'une Tesla explosaient…

La chaleur est quand même à éviter, en particulier parce que les réactions chimiques peuvent s'accélérer sous l'effet d'une température élevée. Un mobile qui surchauffe a donc tendance à se décharger plus vite. Même la durée de vie globale d'un mobile ou d'un PC portable s'accroît si on le garde au frais. Et il vaut mieux avoir un câble de chargeur sous la main. En effet, les batteries lithium-ion durent plus longtemps quand on les garde chargées le plus souvent possible. À chaque décharge, les matériaux s'usent un peu et les batteries perdent de la puissance. Plus la batterie est chargée avant qu'on la recharge, plus elle durera. Conclusion : laissez votre PC portable branché au secteur et chargez votre mobile aussi souvent que possible. Et si vous êtes en voyage et que vous n'avez presque plus de batterie, il vaut mieux éteindre l'appareil au lieu de le laisser se vider complètement.

C'est donc pour cela que je venais d'éteindre mon portable, ce qui n'était pas une très bonne idée puisque j'en ai maintenant besoin pour écrire à Christine :

– J'arrive.

– Latérale, me répond-elle.

La plupart du temps, Christine me fait pénétrer dans l'institut par l'entrée latérale, parce que M. Lässig l'a dans son viseur. M. Lässig est le responsable de la sécurité de l'institut, il est donc en charge de la sécurité du laboratoire, et contrairement à ce que son nom signifie en allemand, il n'est *pas* du genre décontracté. Aujourd'hui, il me fusillerait particulièrement du regard parce que je porte des sandales et un pantalon court.

Pas parce que c'est un vieux dégoûtant qui s'attaque aux jeunes femmes dans la voiture-bar de l'ICE, mais parce que pour des raisons de sécurité, on ne peut entrer dans les laboratoires qu'avec des chaussures fermées et des pantalons longs. Évidemment, je n'ai le droit de toucher à rien dans les labos, même en tant que chimiste qualifiée. Seuls les membres de l'institut qui ont suivi une formation de sécurité avec M. Lässig en ont le droit.

Comme Christine travaille aussi le week-end, je peux abuser de son laboratoire pour tourner mes films de temps en temps. Par exemple, je peux verser de l'azote liquide par terre et faire un *moonwalk* dans le brouillard, c'est très télégénique (en chaussures fermées et en pantalon long, naturellement). Heureusement que M. Lässig ne regarde pas YouTube.

Sans me faire voir, je me glisse dans le bâtiment par l'entrée latérale et je me dirige comme d'habitude vers le bureau de Christine. Mais celle-ci me tire par le bras et déclare : « Non, le dino. »

7
BÉBÉS DINOS ET CHEESEBURGER IMMORTEL

Au lieu d'aller dans son bureau, Christine me pilote jusqu'à la cafétéria. Comme la plupart des locaux de l'institut, la cafétéria est une boîte de verre moderne. C'est très élégant, certes, mais on se sent observé en permanence. C'est probablement pour cela que la cafétéria est presque vide, personne n'a envie de se faire surprendre en flagrant délit de paresse. Mais Christine peut se permettre d'y savourer un café, car elle est bien connue ici pour son ardeur au travail.

Dans les grands laboratoires aussi, on peut tout voir de tous les côtés. Quand des collègues de la presse sont là, ils se réjouissent certainement qu'il y ait autant de vitres à couvrir de formules au feutre pour faire une belle photo. Le personnel, lui, doit se sentir sous surveillance continue. Quand je suis là et que je vois les blouses blanches derrière leurs vitres, cela me rappelle des rats de laboratoire. Le directeur de l'institut, le professeur Karl Kaussen, plus connu sous le surnom de « King K », est très fier de ces vitres. L'an dernier, j'ai pu suivre avec quelques collègues de la presse locale et universitaire une visite guidée exclusive de ces « espaces de l'innovation ».

« Formidable, toute cette lumière du jour, non ? Vous savez, la lumière du jour stimule la sécrétion de sérotonine, l'hormone du bonheur. C'est pour cela que notre personnel est toujours en pleine forme ! » a déclaré King K pendant qu'il nous faisait traverser les lumineux laboratoires. Les doctorants zélés hochaient la tête et souriaient sagement – et c'est là qu'ils m'ont évoqué pour la première fois des rats de laboratoire. King K est un homme charismatique, mais Christine m'avait déjà expliqué que derrière la façade photogénique se cachait un véritable tyran. C'est pour cela que j'ai aussi remarqué la peur bleue qui transparaissait derrière les visages souriants. Par sa seule présence, King K déclenche chez les doctorants une réaction de combat-fuite (surtout de fuite...).

D'ailleurs, son affirmation sur la sérotonine « hormone du bonheur » et la bonne humeur est un peu simpliste. Comme la plupart des hormones, la sérotonine a divers effets sur le corps, qui sont eux-mêmes liés à tout un éventail de réactions chimiques complexes en chaîne. Permettez-moi d'insister : je ne voudrais pas qu'à la lecture de ce livre, vous ayez l'impression qu'il est possible de limiter l'effet d'une hormone à une seule chose, par exemple de dire que la mélatonine est « l'hormone du sommeil » ou que le cortisol est « l'hormone du stress ». Parmi ses nombreuses autres fonctions, la sérotonine a une influence sur notre humeur, et c'est pour cela qu'on l'associe depuis des décennies au traitement des dépressions.

Il est tentant de chercher dans la neurochimie les causes de maladies psychiques. En psychologie, le credo est : « *Everything psychological is simultaneously biological* » (Tout ce qui est psychologique est simultanément biologique). Moi, j'ai l'audace d'ajouter : tout ce qui est biologique est simultanément chimique... Malheureusement, cela ne veut pas dire que nous sommes capables d'expliquer précisément toute la chimie de notre corps. Les neurones, les cellules nerveuses de notre cerveau, communiquent en échangeant des molécules. Ils sont reliés par des points de contact appelés synapses. Il ne s'agit pas d'un contact physique réel, car il y a entre les deux un minuscule espace, appelé fente synaptique. Par cette fente, les molécules de neurotransmetteurs sont envoyées d'un neurone vers un autre où elles se fixent sur des récepteurs. On peut s'imaginer les récepteurs comme des places de parking, réservées à un certain type de molécules. En se garant sur un de ces récepteurs, ces molécules entraînent soit une activation, soit une inhibition du signal.

Les neurotransmetteurs ont donc la même fonction que des hormones : ce sont des substances messagères. Une molécule est qualifiée d'hormone ou de neurotransmetteur en fonction de l'endroit où elle est fabriquée dans le corps. Si elle est sécrétée au niveau des synapses, on parle de neurotransmetteur. Si elle est produite par une glande, comme l'épiphyse ou les surrénales, on parle d'hormone. La sérotonine, elle, peut être aussi bien une hormone qu'un neurotransmetteur.

Dans les années 1970, on a commencé à soupçonner qu'un faible niveau de sérotonine pouvait être une cause de dépression. On a pu prouver qu'en augmentant le niveau de sérotonine dans le cerveau, on contribuait à lutter contre la dépression. Pendant longtemps, une explication assez simple a donc circulé : la dépression est causée par un déséquilibre chimique dans le cerveau, et on peut la combattre avec des médicaments qui, par exemple, augmentent le niveau de sérotonine. Toutefois, on ne peut pas limiter les causes d'une maladie psychique telle que la dépression à une carence en une seule petite molécule, ce serait trop simpliste. Ce n'est pas parce que la sérotonine est efficace contre la dépression qu'un déficit de sérotonine est la cause d'une dépression. Ce n'est pas parce que l'aspirine soigne le mal de tête que celui-ci est dû à un manque d'aspirine. Et pourtant, en pratique, les antidépresseurs qui stimulent la sérotonine aident beaucoup de personnes souffrant de dépression. Est-ce que c'est dû à l'effet placebo ? Est-ce qu'on lutte contre les symptômes seulement ou bien contre la cause aussi ? Les liens complexes qui unissent la sérotonine à la dépression restent contestés. C'est aussi cela, la science. Si vous travaillez pendant quelques années dans la recherche, vous connaîtrez très probablement un certain désenchantement : certes, la science et la technique nous ont amenés très loin, mais la recherche de nouveautés est une vraie corvée. Les résultats se contredisent, ou bien sont impossibles à reproduire… La science n'est pas toujours claire et logique.

Il existe une jolie parabole qui s'applique très bien à la science et à la recherche, celle des aveugles et de l'éléphant : un groupe d'aveugles étudie un éléphant. Ils ne savent pas à quoi il ressemble et ne peuvent que le toucher pour se faire une idée de son apparence. Cependant, chacun ne touche qu'une partie de l'animal. Le premier palpe ses défenses pointues, le second sa longue trompe, le troisième ses immenses oreilles, etc. Quand ils discutent, ils s'aperçoivent que chacun d'eux se fait une idée différente de l'éléphant. Le premier est sûr qu'il s'agit d'une créature osseuse et pointue, un autre n'a rien constaté de tel. Il nous arrive souvent la même chose en recherche scientifique, surtout quand l'éléphant est un sujet aussi complexe que la dépression. Pour s'approcher de la réalité, il faut d'abord être en mesure de percevoir l'animal dans son ensemble, en assemblant toutes les observations – même celles qui sont contradictoires au premier abord – pour former une image cohérente. Et même alors, nous n'avons fait que toucher l'éléphant. Nous sommes toujours aussi aveugles.

Quand je discute de ce genre de sujet avec mes amis, ils me demandent : « Tu veux me passionner pour la science ou m'en dégoûter ? » Eh bien, pour prolonger la parabole des aveugles et de l'éléphant, sans la science, non seulement nous serions aveugles, mais nous serions incapables de toucher quelque chose pour l'étudier.

Quittons maintenant les mystères des paraboles et revenons à notre chimie familière du cerveau. Christine et moi sommes à la cafétéria en train d'offrir à nos neurones une dose de caféine. Notre cerveau possède des récepteurs non seulement pour les neurotransmetteurs, mais aussi pour des substances telles que la caféine. En fait, c'est un peu par inadvertance, parce que la caféine présente une ressemblance troublante avec une autre molécule de notre corps : l'adénosine.

caféine

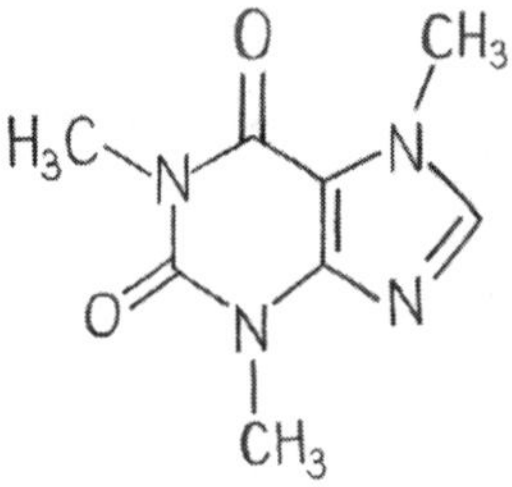

adénosine

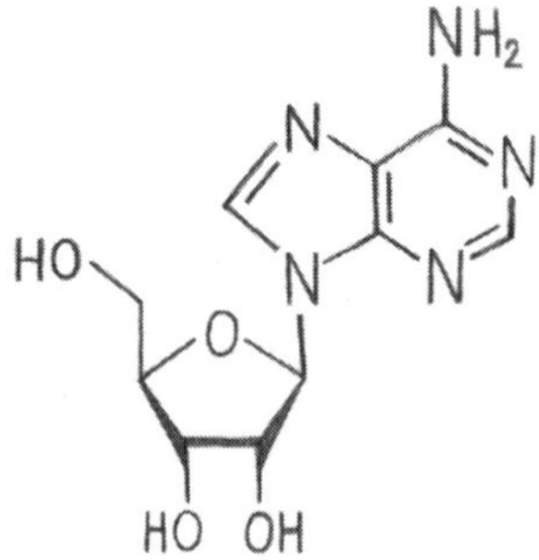

D'accord, ces structures chimiques n'ont pas vraiment l'air semblables, mais pour le récepteur de l'adénosine dans le cerveau, c'est le cas. Plus exactement, ce n'est pas une question d'aspect, mais de la manière dont une molécule s'insère dans un récepteur. La place de stationnement de l'adénosine est ainsi faite que l'adénosine s'y fixe parfaitement – et, par hasard, il se trouve que la caféine aussi.

Normalement, l'adénosine a pour mission de nous indiquer à quel moment nous nous fatiguons. Plus il y a de molécules d'adénosine fixées sur leurs récepteurs, plus nous nous sentons fatigués. Mais d'où vient l'adénosine ? Logiquement, sa production dépend de notre consommation d'énergie. Plus nous consommons d'énergie, plus nous produisons d'adénosine. Quand notre corps a besoin d'énergie, que ce soit pour faire du sport ou simplement pour réfléchir ou respirer, il a besoin d'une molécule appelée adénosine triphosphate – un peu plus pour le sport, un peu moins pour la respiration.

L'adénosine triphosphate est l'unité énergétique de notre corps et s'abrège en ATP. Mais je trouve que son nom complet est plus parlant, parce qu'on y voit très bien qu'en ôtant ses

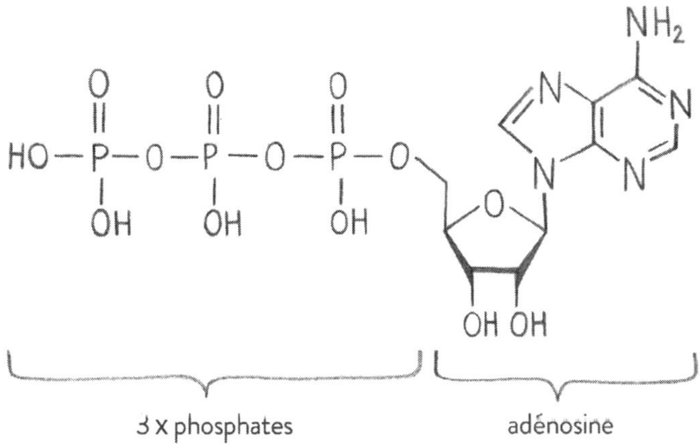

adénosine triphosphate

trois (tri-) phosphates, il ne reste plus que l'adénosine. Ainsi, on peut retenir que plus nous consommons de molécules d'ATP, plus il se forme d'adénosine (un biologiste ne dirait pas la même chose, mais nous n'avons pas besoin de nous compliquer la tâche inutilement). Et plus il y a d'adénosine qui bloque nos récepteurs, plus nous sommes fatigués.

Sauf si… CAFÉ ! Quand nous buvons du café, il faut environ un quart d'heure pour que les molécules de caféine aillent se fixer sur les récepteurs de l'adénosine. Elles sont même capables d'éjecter des molécules d'adénosine déjà fixées pour prendre leur place. Elles bloquent alors le récepteur, mais celui-ci ne s'en aperçoit pas. Il ne « voit » pas d'adénosine, donc il considère que la place est encore libre, et nous voilà persuadées que nous sommes bien réveillées !

Malgré le café, Christine est un peu abattue, parce qu'elle vient de recevoir une réponse à sa demande de publication :

« *paper rejected* », comme on dit en bon anglais. « *The only difference between screwing around and science is writing it down* » (la seule différence entre le bricolage et la science, c'est l'écrit), a dit Adam Savage dans l'émission *MythBusters*, et il a bien raison. Une expérience n'est pas de la science tant qu'on n'a pas tout écrit et évalué. Et dès que ces recherches aboutissent à une découverte, on peut publier le tout sous forme de « *paper* ».

Mais derrière ce petit mot se cache un long processus, souvent frustrant, qui constitue presque une science en soi. Après avoir collecté ses résultats et les avoir ordonnés pour rédiger son article, on peut soumettre ledit article à une revue scientifique. Le rédacteur en chef choisit ensuite des experts, les *reviewers* – le plus souvent des professeurs d'autres universités –, qui travaillent dans la même discipline et restent inconnus de l'auteur lors du processus d'évaluation. Ils lisent et jugent le manuscrit pour décider s'il vaut la peine d'être publié dans la revue. Auparavant, il faudra remanier l'article en fonction de leurs remarques, et souvent aussi leur fournir des données ou des expériences. Cette expertise effectuée par des collègues (ou pairs) est appelée *peer review* ; elle vise à garantir la qualité des publications scientifiques.

Un article peut être refusé par plusieurs revues avant qu'on réussisse à le faire publier – après une révision soigneuse. Par exemple, il se peut que le *reviewer* n° 1 trouve le travail formidable tandis que le *reviewer* n° 2 n'est pas convaincu. C'est précisément ce qui vient d'arriver à Christine, qui me montre les commentaires de ce deuxième réviseur :

– Lis-moi ça. Ce type n'a visiblement rien compris à tout le paragraphe.

– Ou cette femme !

– Peu importe, il ou elle n'a rien compris.

– Mais ce n'est pas un problème, tu n'as peut-être qu'à revoir un peu le texte.

Même dans un article scientifique, on risque toujours de tomber dans le « piège de l'expertise ». En tant qu'experte, je peux facilement perdre la notion des connaissances préalables qu'on peut supposer acquises quand je parle de mon travail, et pas seulement quand il s'agit d'expliquer la chimie à des profanes pendant une soirée. Les scientifiques ont aussi tendance à s'exprimer d'une manière trop compliquée quand ils discutent entre eux, sans même s'en rendre compte. Le problème est renforcé par le fait que les gens signalent rarement qu'ils ne comprennent pas quelque chose. On court le risque d'être le seul idiot qui n'a pas compris, ce serait très embarrassant. En tant qu'universitaire, on ne peut pas se permettre un tel déshonneur. Au début de mon doctorat, quand j'écoutais les exposés d'autres doctorants, j'étais persuadée d'être incroyablement bête parce que je ne comprenais presque rien. Après tout, les autres n'avaient apparemment aucune question à poser. J'ai rapidement remarqué que la plupart des gens se sentaient comme moi. Aujourd'hui, je sais qu'en règle générale, seuls les exposés sont donnés dans un langage incompréhensible.

Avec un exposé incompréhensible, on fait juste perdre du temps au public, tandis qu'un article mal rédigé revient à se tirer une balle dans le pied. Il vaut mieux faire appel à un tiers pour tester la compréhensibilité de son texte. En effet, on finit par perdre de vue ce qui est compréhensible et ce qui ne l'est pas.

– Tu voudrais bien jeter un coup d'œil à mon article ? me demande Christine.

– Bien sûr, dis-je. Après tout, la science compréhensible est devenue ma spécialité.

Normalement, je m'installe avec Christine dans son bureau. Contrairement aux autres « espaces de l'innovation », celui-ci n'est que partiellement vitré. Lors de mes précédentes visites, nous avions donc un peu d'intimité, mais depuis peu, Christine est obligée de partager son bureau avec… le dino. Le dino s'appelle en fait Torben, et réalise un postdoc chez King K. Il ressemble un peu à un oviraptor, c'est pour cela que nous lui donnons secrètement, mais affectueusement, le surnom de dino. Il est particulièrement osseux et se déplace légèrement penché vers l'avant. Au début, je pensais que la comparaison avec un oviraptor n'était pas correcte, parce que ces dinosaures étaient des créatures téméraires et sournoises qui volaient les œufs des autres dinosaures. Torben ne ferait jamais quelque chose de ce genre. Mais Christine m'a expliqué que le nom latin *oviraptor*, qui signifie « voleur d'œufs », est dû à une erreur : on a trouvé un squelette d'oviraptor au-dessus d'un nid et on en a conclu qu'il était en train de le piller. Plus tard, il s'est avéré que c'étaient ses propres œufs. Logique, en fait. Donc, les oviraptors étaient de charmants dinosaures. Tout comme Torben.

Torben est un spécimen particulièrement remarquable de *nerd*, et je ne dis pas cela par hasard. Vous avez déjà remarqué que je suis moi-même assez douée, dans le genre. J'ai du mal à ne pas regarder le monde par le prisme des sciences naturelles. C'est seulement quand j'y suis obligée que je m'immisce dans le triste monde d'un non-scientifique pour m'entretenir avec lui sans me faire remarquer. Torben est surtout timide, à la limite du trouble anxieux, je le dis sans ironie ou exagération.

L'anxiété sociale ou phobie sociale est un trouble reconnu dans le DSM-V (l'édition actuelle du *Diagnostic and Statistical Manual of Mental Disorders*, le manuel diagnostique et statistique des troubles mentaux publié aux États-Unis). Mais je ne voudrais pas donner l'impression que je suis en mesure d'établir un diagnostic psychologique, encore moins à distance. Je n'ai rencontré le dino qu'une seule fois, et je tiens de Christine presque tout ce que je sais de lui. Lors de ma dernière visite, il venait d'arriver à l'institut. Nous étions dans le bureau de Christine, assises en face du dino. À le voir, on aurait dit qu'il aurait préféré être n'importe où, mais ailleurs. J'avais apporté des rondelles de pommes (de vraies pommes séchées, pas des bonbons acidulés) et j'en ai offert au dino. Au début, il n'a pas semblé réagir, mais mon œil exercé de *nerd* m'a permis de remarquer qu'il avait bien pris acte de mon offre et qu'il y réfléchissait attentivement. La clé, dans ces situations bizarres pour lesquelles l'anglais dispose d'un mot merveilleux, *awkward*, consiste à ne pas faire remarquer leur bizarrerie. Pendant un silence prolongé, ne pas commencer à rire nerveusement, mais rester détendu et attendre ce qui va venir d'en face (là aussi, il peut être utile de se dire « tu es un gaz noble ! »). En effet, quand on y réfléchit, de nombreuses conventions sociales en matière de relations humaines n'ont aucun but logique. Or, certains *nerds* ne savent penser que logiquement. Ils se retrouvent coincés dans une bulle et se déplacent maladroitement dans le monde du bavardage et autres conventions sociales. Souvent, on les étiquette « bizarres » dès les premiers échanges. Mais si on garde une attitude ouverte, ce n'est parfois qu'une question de temps avant que la bulle éclate, nous l'avons vécu plusieurs fois avec Christine. Et derrière les dinos les plus silencieux se cachent parfois les types les plus sympas.

J'ai donc continué à tendre le paquet de rondelles de pommes jusqu'à ce que Torben en prenne une. Christine, qui l'avait déjà un peu pris sous son aile, lui a demandé sur le ton de la plaisanterie : « C'est trop sain pour toi, comme nourriture ? »

Le dino a répondu d'un ton égal, sa rondelle de pomme à la main : « Je suis gravement allergique aux pommes. »

– Alors, comment va le dino ?

– Je suis devenue maman, soupire Christine. Comme les canetons qui prennent pour leur mère la première chose en mouvement qu'ils voient en sortant de l'œuf, et qui la suivent partout, tu vois ? Le dino est mon bébé canard et je suis sa mère cane.

– Un bébé dino ! réponds-je en me demandant si les jeunes dinosaures se comportaient de la même manière. Après tout, le dernier parent vivant du T-Rex est le poulet.

– Il est deux heures et demie, la cantine va fermer et il n'a encore rien mangé juste parce que je ne suis pas allée déjeuner.

– Wouah.

– Exactement. Dis-toi qu'à partir de maintenant, je suis disponible seulement par deux, avec dino.

Je m'imagine Christine et le dino dans cinquante ans, en train de tricoter dans leurs fauteuils à bascule devant un feu de cheminée.

Nous prenons rapidement le chemin de la cantine avant qu'elle ferme. Christine veut tester ce qui se passera si elle n'emmène pas Torben. Nous passons justement devant son bureau, et jetons un coup d'œil par les vitres. Le dino est assis devant son ordinateur et semble ne pas nous remarquer, mais Christine est sûre qu'il ne va pas tarder à nous suivre. Même si je suis là ? Après tout, j'ai failli l'empoisonner, la dernière fois.

En parlant de poison, l'an dernier, une trentaine d'étudiants manifestaient devant l'entrée principale de la cantine avec des pancartes contre les conservateurs dans les aliments. Une cantine sans conservateurs, ce ne serait pas une très bonne idée, à mon avis. Je suis une grande adepte des aliments frais et je cuisine dès que je peux. Mais dans une cantine qui sert chaque jour des milliers de repas, je suis bien heureuse qu'il y ait l'un ou l'autre conservateur. Le monde est plein de bactéries, de champignons et autres micro-organismes. Et eux aussi doivent manger, par exemple notre nourriture. Je n'aurais rien contre le fait de partager mon repas avec ces minuscules messieurs-dames – ils ne mangent pas grand-chose – s'ils n'en faisaient pas un horrible désastre puant. Sans parler des infections et des intoxications. On connaît la salmonellose, mais la liste est très longue. Il y a aussi le botulisme, par exemple. On dirait une doctrine philosophique, mais c'est un empoisonnement potentiellement mortel de la viande.

Outre les bactéries, il existe des processus purement chimiques qui peuvent rendre la nourriture immangeable (les toxines des bactéries sont également le produit des réactions chimiques liées au métabolisme, mais vous voyez ce que je veux dire). La réaction chimique classique qui gâte la nourriture est celle que nous avons vue dans les portables : l'oxydation.

On peut définir l'oxydation de différentes manières. Dans une batterie de portable, l'oxydation est une réaction chimique de don d'électrons. C'est la définition générale. Mais on peut aussi donner une définition plus stricte et plus « littérale » de l'oxydation : une réaction chimique avec de l'oxygène. Quand des graisses réagissent avec l'oxygène, c'est-à-dire quand elles s'oxydent, elles deviennent rances et inconsommables. Quand on coupe une pomme, c'est l'oxydation des polyphénols qui la fait brunir. Vous avez peut-être déjà remarqué que toutes les variétés de pommes ne brunissent pas à la même vitesse. En règle générale, les nouvelles variétés, comme la *Granny Smith* ou la *Golden Delicious*, sont plus pauvres en polyphénols. C'est plus esthétique, mais c'est aussi une mauvaise nouvelle pour les allergiques comme le dino. En effet, plus une pomme contient de polyphénols, mieux elle est supportée par un allergique.

En règle générale, l'oxydation nécessite des enzymes. Les enzymes font partie de la famille des protéines, on les trouve partout : dans les humains, les animaux, les plantes, les fruits. Elles ont des structures chimiques et des fonctions très variées, mais elles ont en commun leur rôle de catalyseur des réactions chimiques. Un catalyseur aide les molécules à faire ce qu'elles voudraient bien faire, mais ont du mal à réussir. Par exemple, comme le jeune homme qui aide le vieux monsieur à descendre du tramway. D'autres enzymes font penser à un entremetteur qui réunit les bons partenaires pour une réaction. D'autres encore sont un peu comme des commis de cuisine qui s'occupent de découper les légumes pour que le chef puisse aller plus vite.

Les enzymes sont des substances étonnamment polyvalentes. Les pommes ne deviennent pas simplement brunes dès qu'elles rencontrent de l'oxygène. Elles contiennent une enzyme nommée polyphénol oxydase, ou PPO, qui facilite le brunissement. Ce nom dévoile très concrètement que la PPO est spécifiquement responsable de l'oxydation des polyphénols, et son suffixe « -ase » est typique des enzymes. Notre métabolisme aussi a besoin d'enzymes pour fonctionner, car sans elles, la plupart des réactions chimiques qui maintiennent notre corps en vie ne se produiraient pas, ou trop lentement. C'est aussi pour cela que je ne supporte pas l'alcool, car l'une de mes enzymes de dégradation de l'alcool ne fonctionne pas. Mais je reviendrai sur ce point au chapitre 13.

La détérioration des aliments n'est donc rien d'autre qu'une série de réactions chimiques indésirables. Le réfrigérateur et le congélateur permettent d'assurer efficacement leur conservation physique, car plus la température est basse, plus la majorité des réactions chimiques se déroulent lentement. Il existe d'autres stratégies chimiques pour protéger les aliments de la dégradation : soit on complique la tâche des microbes, soit on complique celle des enzymes, soit on élimine l'oxygène. Tous les chemins mènent à Rome.

Commençons par l'oxygène. Ce n'est pas évident de protéger quelque chose contre l'oxygène sur Terre, puisque c'est un composant de l'air (on ne va pas s'en plaindre). Les fabricants peuvent emballer les aliments sous vide, ou bien effectuer le conditionnement sous atmosphère protectrice (en utilisant un gaz du chapitre 6, comme l'argon ou l'azote). Avec les aliments, le gaz protecteur est généralement un mélange d'azote et de CO_2 pauvre en oxygène. On ne peut pas exclure à 100 % l'oxygène des emballages alimentaires, mais moins il y a de contact avec l'oxygène, moins il y a d'oxydation. Pour des tranches de pomme, on peut les tartiner de Nutella, cela forme une très bonne couche protectrice contre l'oxygène – petite astuce pas vraiment diététique en passant. Vous connaissez certainement un truc plus sain : presser du jus de citron sur vos pommes. En effet, le jus de citron contient de la vitamine C, un antioxydant.

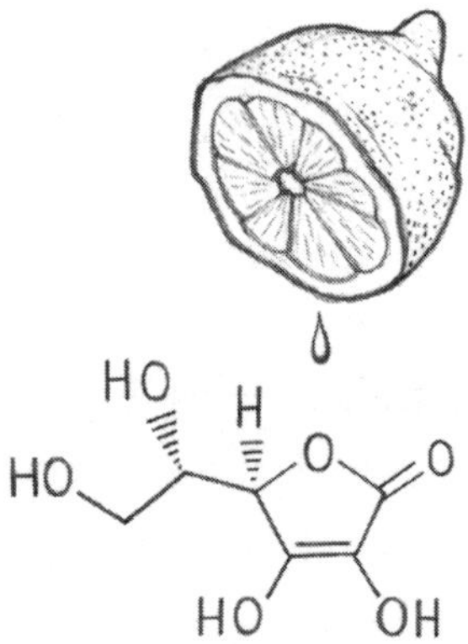

vitamine C
(acide ascorbique)

Les antioxydants sont très à la mode, on en entend parler jusque dans les publicités pour cosmétiques. D'un point de vue chimique et littéral, un antioxydant est une substance qui empêche l'oxydation, justement parce qu'elle réagit bien et facilement avec l'oxygène. Elle se jette en martyre dans la ligne de tir et crie : « Laisse les polyphénols tranquilles ! Prends-moi à la place ! »

Mais le jus de citron est également acide. Or, l'acide attaque de nombreuses enzymes. Les enzymes sont d'énormes molécules complexes, façonnées et repliées astucieusement comme des origamis loufoques. Cette structure tridimensionnelle, c'est le secret de leur travail de précision. Elles peuvent réunir deux réactifs de manière ciblée, par exemple en cachant le premier dans une poche présentant la forme idéale pour que le deuxième s'en approche plus facilement. Mais l'acide peut *dé*plier les enzymes. Elles perdent alors leur structure tridimensionnelle ainsi que leur effet catalyseur. C'est pour cela, par exemple, que les cornichons au vinaigre se gardent longtemps. L'acide acétique les conserve. Il y a aussi des bactéries qui, alliées à l'acide, facilitent la conservation des aliments. C'est encore quelque chose que je dois souligner : toutes les bactéries ne sont pas mauvaises. En outre, le bon et le mauvais sont parfois très proches : le lait caillé vient de l'acide lactique produit par des bactéries. On profite volontairement de cette propriété pour fabriquer du yaourt ou du fromage blanc en ajoutant des bactéries spécifiques – les lactobacilles – au lait pour le transformer en un produit acide, mais agréable au goût et qui se conserve plus longtemps. C'est d'ailleurs la même astuce que pour la fabrication de choucroute, un produit qui se conserve très longtemps aussi.

Pourtant, ce ne sont pas le vinaigre et les lactobacilles qui posent problème, ce sont les conservateurs CHIMIQUES !

Tout d'abord, mettons-nous d'accord sur la désignation « conservateurs de synthèse », c'est-à-dire les conservateurs fabriqués en laboratoire. Quand on regarde la liste des ingrédients sur les emballages d'aliments, on y trouve les conservateurs de synthèse sous de mystérieuses références E. Les principaux sont des acides, par exemple l'acide sorbique et ses sels, les sorbates : ce sont les E 200, E 202 et E 203. Leur structure chimique rappelle un peu celle des acides gras et de leurs sels que nous utilisons comme savons. Ils sont métabolisés de la même manière que les acides gras alimentaires, et nous n'avons pas à nous inquiéter d'une éventuelle toxicité. En matière d'odeur ou de goût également, les sorbates et l'acide sorbique sont assez discrets.

Mais parfois, on utilise d'autres acides, par exemple l'acide benzoïque et ses sels, les benzoates, qu'on trouve sous les désignations E 210 à E 213. Ils s'attaquent aux levures et aux moisissures qui prolifèrent aussi lorsque le pH est bas, c'est-à-dire en présence d'autres acides. On les utilise notamment dans les aliments acides tels que la mayonnaise, les conserves de poissons et les conserves acides, ou encore les sodas. L'acide benzoïque n'est pas aussi innocent que l'acide sorbique. On le soupçonne notamment de rendre les enfants hyperactifs. Pourtant, ces craintes ne sont étayées par aucune preuve scientifique, comme l'a aussi constaté l'Autorité européenne de sécurité des aliments. L'acide benzoïque et les benzoates sont officiellement considérés comme sûrs.

Il reste des soupçons qui m'irritent particulièrement, en tant que chimiste. Je lis souvent : « L'acide benzoïque est une substance présente dans la nature, donc au-dessus de tout soupçon, tandis que les benzoates sont des molécules de synthèse, donc dangereuses. » C'est encore du pur chimisme ! L'acide benzoïque et le benzoate sont deux formes différentes de la même molécule ! Comme les acides gras, l'acide benzoïque est ce qu'on appelle un acide carboxylique. Les acides carboxyliques ont toujours deux formes, la forme acide et la forme saline. Comme pour les graisses et le savon, la forme acide est peu soluble dans l'eau, tandis que la forme saline, ionique et chargée, se dissout très bien dans l'eau. C'est le pH ambiant qui détermine si on se trouve en présence d'une forme ou de l'autre. Dans un environnement basique (pH élevé), on a plus de benzoate, tandis que dans un environnement acide (pH bas), il y a plus d'acide benzoïque. Si on ajoute du benzoate à un aliment acide – ce qui est justement son domaine d'utilisation –, une partie de cette molécule se transforme forcément en acide benzoïque. Vous disiez « naturel » contre « chimique » ? De toute manière, les limites admissibles sont fixées indépendamment et ne sont pas dépassées.

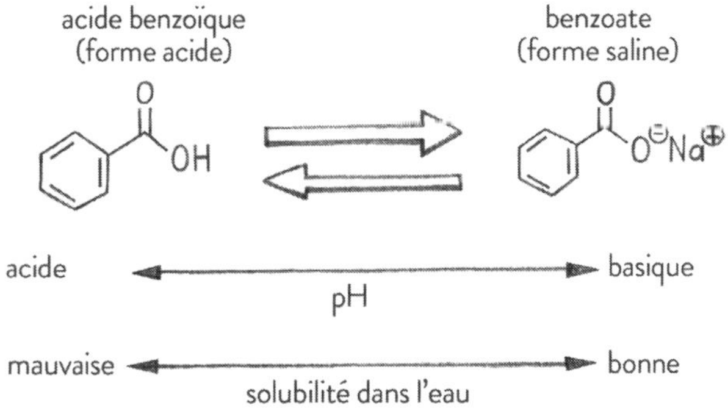

Dans les listes d'ingrédients, classées par quantité décroissante, les conservateurs en E apparaissent souvent très près de la fin. On n'en a pas besoin de grandes quantités. Cependant, il faut en étudier la toxicité autant que possible. En laboratoire, les possibilités techniques évoluent sans cesse, et il est désormais plus facile de collecter des données pour des études à long terme. La recherche reste donc importante pour des substances déjà homologuées, afin de tester cette homologation à intervalles réguliers sur la base de nouvelles données solides. Vous savez déjà que la recherche est souvent compliquée et peut durer longtemps. Quand il est question de santé ou de sécurité, il faut prendre au sérieux les résultats même partiels s'il existe un soupçon de nocivité de certaines substances. Ainsi, on peut commencer à réfléchir assez tôt aux alternatives possibles. Ni la panique (ou l'alarmisme), ni le chimisme (ou l'alarmiste teinté de chimisme) ne constituent une solution, surtout lorsqu'on ne dispose pas encore d'alternatives viables.

Chimisme ou pas, je peux absolument comprendre qu'on refuse les substances « artificielles » et qu'on préfère les ingrédients « naturels ». Moi aussi, je préfère manger des aliments frais, ils ont bien meilleur goût. Malheureusement, l'étiquette « naturel » ne veut pas forcément dire frais. C'est d'autant plus évident quand on compare les arômes et exhausteurs de goût naturels et de synthèse. Quand on sait quelles molécules constituent l'arôme d'un fruit naturel, on peut soit les extraire (production naturelle), soit fabriquer en laboratoire les molécules correspondantes (la CHIMIE !). Il n'y a aucune différence entre les molécules d'origine naturelle et les molécules de synthèse du moment qu'elles ont la même structure chimique. Mais la nature est une chimiste bien plus expérimentée que tous les chimistes humains du monde. Le goût résulte souvent d'un savant mélange de diverses molécules, tandis que les arômes artificiels sont généralement d'une composition plus simple. Cela signifie aussi qu'ils ne sont pas plus dangereux que les arômes naturels, voire encore moins, parce que chaque ingrédient d'un arôme artificiel est connu et testé.

En outre, même s'il est écrit « aux arômes naturels exclusivement » quelque part, c'est loin de signifier que ces arômes proviennent du fruit en question. Par exemple, l'« arôme naturel de coco » n'est pas toujours tiré de la noix de coco, mais repose sur une molécule appelée massoialactone ou cocolactone, qui provient de l'écorce du massoïa. C'est naturel, mais ce n'est pas de la noix de coco.

Si on se soucie du développement durable pour notre alimentation, il ne faut pas rejeter en bloc les additifs de synthèse. L'acide citrique, utilisé lui aussi comme conservateur, est naturellement présent dans les citrons et autres agrumes. Mais il n'y aurait pas assez de citrons et d'agrumes sur la planète pour couvrir la demande mondiale en acide citrique. Je me réjouis donc de l'existence d'un acide citrique de synthèse, d'autant plus que cela ne fait aucune différence que la molécule provienne d'une plante ou d'une chimiste.

La chimie, ce n'est pas toujours le mal, vous savez.

À propos de chimie, est-ce que vous vous souvenez de l'affaire du mystérieux cheeseburger qui ne pourrissait pas ? En 1996, une femme nommée Karen Hanrahan a acheté chez McDonald's un cheeseburger qu'elle possède peut-être encore à ce jour. Plusieurs années (oui, années !) après cet achat, le sandwich était toujours intact, ne montrait aucun signe de pourriture et ressemblait exactement à un cheeseburger de chez McDonald's. Il y ressemble peut-être encore, c'est en 2012 que j'ai entendu pour la dernière fois parler du cheeseburger immortel. Naturellement, l'histoire a fait les gros titres pendant des années. Que diable a-t-on pu mettre dans ce monstrueux burger ? Quel cocktail de produits chimiques réussit ce prodige ? Qu'est-ce que nous mangeons réellement ?

La réponse est aussi décevante que rassurante : il n'y a rien de monstrueux dans les hamburgers de McDonald's, ils sont simplement très secs. Le cheeseburger *immortel* s'est juste desséché tellement vite que les bactéries et les champignons n'ont pas eu assez d'eau pour entamer leur travail de décomposition. Karen Hanrahan était très motivée pour dénoncer publiquement la mauvaise nourriture des fast-foods, et ce cheeseburger desséché était sa pièce à conviction la plus impressionnante. Elle l'utilisait comme « preuve » de la mauvaise chimie des conservateurs. Sur le principe, je suis d'accord avec ses intentions. Il vaut mieux manger aussi peu de fast-food que possible, mais quand je vois qu'on détourne des conclusions scientifiques pour propager ces opinions, je m'énerve. Il y a d'autres raisons plus élégantes, scientifiquement prouvées, pour réduire notre consommation de fast-food !

Ce que l'exemple du cheeseburger démontre, toutefois, c'est que l'oxygène n'est pas la seule cause de décomposition des aliments. L'eau aussi est responsable. On peut donc faire sécher les aliments pour les conserver, ou les recouvrir d'une bonne dose de sucre ou de sel (ce qui n'est pas forcément plus sain, naturellement). Le sucre et le sel absorbent l'humidité, ils sont si hydrophiles qu'ils attirent irrésistiblement les molécules d'eau. Celles-ci se collent aux ions du sel ou aux molécules de sucre, si bien qu'elles ne sont plus disponibles pour les microbes.

La petite manifestation d'étudiants devant la cantine n'avait pas entraîné la suppression des conservateurs. Mais ils sont maintenant présentés de manière plus transparente dans le menu. Cependant, je crains que la simple mention des conservateurs et de leurs mystérieux numéros E ne perturbe encore plus les gens. Même si les conservateurs font partie de notre quotidien moderne, la plupart en savent trop peu à leur sujet. D'où mon *credo* : nous devons mieux comprendre la chimie ! Avec toutes ses nuances, ses risques et ses chances (et en plus, ça rime).

Naturellement, on devrait se nourrir d'aliments frais, non transformés et d'origine locale, autant que possible. Mais parfois, il faut aussi être pragmatique et se souvenir que si nous pouvons nous permettre le luxe d'aller acheter de la nourriture au supermarché ou de fréquenter une cantine universitaire, c'est grâce à des siècles de progrès, et ce serait pratiquement impensable sans conservateurs.

Les conservateurs ne sont qu'un exemple parmi d'autres. D'une manière générale, nous devons beaucoup à la chimie et aux produits de synthèse. Nous avons peur des poisons et des produits chimiques artificiels, mais nous oublions les innombrables avancées de la chimie qui facilitent notre quotidien, voire nous sauvent la vie, que ce soient les médicaments, l'isolant des câbles électriques ou la laque pour cheveux.

Dans certains cas, la peur de la chimie me fait penser à la peur de la vaccination : les vaccins fonctionnent tellement bien que nous avons oublié les horribles maladies qui ont disparu grâce à eux. Vivre sans la variole, la rougeole, la diphtérie ou la poliomyélite est devenu une telle évidence que nous n'y accordons plus d'importance. Au lieu de cela, nous avons peur d'effets secondaires éventuels et rares, dont la fréquence et la gravité sont sans commune mesure avec celles des maladies combattues.

Je l'admets, cette comparaison entre la chimie et la vaccination n'est pas idéale. En effet, on ne peut pas affirmer que la chimie est par principe plus utile que dangereuse. Je veux simplement vous mettre en garde contre les généralisations si tentantes. Cela m'arrive aussi, mais dans l'autre sens. Un jour, je suis allée à la pharmacie chercher quelque chose contre le rhume. Le pharmacien m'a proposé deux préparations différentes, l'une à base de plantes et l'autre chimique. Sans réfléchir très longtemps, j'ai demandé la préparation chimique, parce que je voulais quelque chose d'efficace – et je me suis surprise à attribuer aveuglément une efficacité supérieure à la chimie sans m'être renseignée plus en détail. J'ai dû me gronder moi-même : une substance de synthèse fabriquée en laboratoire n'est pas automatiquement plus efficace qu'une substance tirée d'une plante.

Si nous prenons conscience de nos propres préjugés et faisons notre autocritique de temps en temps, nous pourrons traiter la chimie et la nature plus équitablement, et prendre de meilleures décisions.

Christine me fait un signe de la tête en direction de la caisse. Gagné : l'oviraptor est en train de trottiner vers nous avec son plateau. Je me mets à chantonner :

– *Only youuuuu…*

– Je devrais lui demander s'il ne veut pas carrément emménager chez moi.

Christine joue peut-être les sarcastiques, mais en réalité, elle adore totalement le dino. Elle ajoute :

– En fait, je suis plutôt fière de voir qu'il ne se laisse pas intimider par ta présence.

– Mais je suis gentille !

– Mais je suis une bonne mère, rétorque Christine.

Torben s'assied à notre table, et il se passe quelque chose de génial : il me regarde, sourit, et dépose une pomme sur mon plateau. Quel retour en force ! En mon for intérieur, je vois toute la salle se lever pour une *standing ovation*, avec des pluies de confettis, des bannières et des drapeaux, le public portant le dino en triomphe sur ses épaules. Christine et moi l'applaudissons du regard et il se met à rire.

– La bulle a éclaté, murmure Christine.

8
COMPATIBILITÉ COVALENTE

– King K vient de passer dans le bureau, il m'est tombé dessus, déclare le dino de son ton impassible.

– Quoi ?! Mais qu'est-ce qu'il voulait, encore ? s'écrie Christine.

Son instinct maternel est visiblement en éveil. Je finis par me dire que la relation maman-bébé dino vient *d'elle*, en fait.

– Il dit que nous devons retirer les plantes vertes du bureau. Elles ne vont pas avec la *Corporate Identity*.

– La QUOI ? s'écrie Christine en même temps que moi.

Parfois, je suis heureuse de ne plus être à l'université, c'est intenable. J'interroge Torben :

– Qu'est-ce que tu as répondu ?

– Je lui ai demandé s'il fallait que je jette les plantes tout de suite, dit-il toujours aussi calmement. Il s'est énervé et m'a dit : « Vous avez un doctorat, ne posez pas de questions idiotes. »

De toute évidence, King K n'a plus entendu le mot « non » depuis longtemps. Personne ne lui dira non plus que cette histoire de plantes de bureau est du grand n'importe quoi. Voilà ce qui se passe quand on est tout en haut de la pyramide hiérarchique. Naturellement, il y a des hiérarchies partout, mais à l'université, elles sont particulièrement pernicieuses. Dans une grande entreprise, chaque chef a toujours un chef au-dessus de lui, et la direction a les actionnaires ou le comité d'entreprise sur le dos. Mais plus haut qu'un professeur, en théorie, il n'y a que Dieu, et comme les spécialistes des sciences naturelles sont souvent athées, ils sont vraiment les seuls maîtres à bord.

Bien sûr, il existe aussi des professeurs formidables. Par exemple, Christine et moi avons eu un directeur de thèse exceptionnel. S'il ne l'avait pas été, Christine serait probablement en train de gagner beaucoup d'argent dans l'industrie, ce qui serait une grande perte pour la science. Malheureusement, dans un monde de contrats à durée déterminée, de salaires modestes et de pression démente, il n'y a pas assez de gens capables d'offrir au moins un peu de soutien émotionnel et un certain sens de l'appréciation d'autrui. Voici un épisode qui le montre très clairement.

En 1996, l'année où Karen Hanrahan achetait son cheeseburger immortel, le chimiste Erick M. Carreira a écrit une lettre. À l'époque, c'était un ambitieux professeur de chimie à Caltech, le *California Institute of Technology*, l'une des universités les plus réputées au monde. Cette lettre personnelle était adressée à Guido, l'un de ses postdocs, mais elle a fini par être publiée. En voici la traduction la plus fidèle possible :

Guido,

J'aimerais te communiquer par écrit ce qu'on attend de toi en tant que membre du groupe de recherche. Outre le programme quotidien habituel, j'attends de tous les membres du groupe qu'ils travaillent le soir et le week-end. Tu constateras que c'est la norme ici à Caltech. À l'occasion, je comprends que des affaires personnelles te prennent du temps et t'éloignent de tes responsabilités envers le laboratoire. Cependant, il est inacceptable à mes yeux que cela devienne une habitude.

J'ai remarqué que tu ne t'étais pas présenté au labo pendant plusieurs week-ends, et plus récemment le soir. Outre ce temps libre, tu as récemment demandé des congés. Les congés bien mérités ne me posent aucun problème, mais les vacances en permanence et le temps libre qui interfère avec le projet, oui. Je trouve cela très ennuyeux et perturbant pour ton activité scientifique.

J'attends de toi que tu corriges immédiatement ton éthique professionnelle.

Je reçois au moins une candidature de postdoc par jour en provenance des USA et du reste du monde. Si tu es incapable de respecter le rythme de travail demandé, je suis sûr que je pourrai trouver quelqu'un d'autre qui te remplacera parfaitement dans ce projet important.

Sincères salutations,

Erick M. Carreira

La publication de cette lettre a déclenché l'indignation, c'est normal, mais en même temps, son contenu était simplement sincère. Le ton direct employé a choqué les chimistes plus que les attentes effectives de son auteur, qui n'ont rien de rare dans le domaine scientifique. Je connais bien d'autres histoires, qui donneraient matière à un autre livre.

Au moment où il a écrit cette lettre, Carreira était dans la même situation que Christine aujourd'hui : 33 ans, « *Associate*

Professor » au tournant décisif de sa carrière universitaire. Aujourd'hui, c'est l'un des chimistes organiques les plus renommés au monde. J'ai entendu dire que depuis, il serait devenu vraiment cool et décontracté.

Christine et beaucoup des jeunes scientifiques que je connais me rendent optimiste pour l'avenir. J'espère seulement qu'après quelques années de carrière universitaire, ils ne perdront pas eux aussi leur part d'humanité. Christine me dit régulièrement que si je constate chez elle des signes qui suggèrent qu'elle maltraite ses étudiants, je pourrai – non, je *devrai* – lui taper vigoureusement sur les doigts.

Les relations humaines sont pourtant essentielles. C'est exactement comme en chimie : les atomes et les éléments, intrinsèquement, sont fascinants. Mais c'est quand les atomes et les molécules se lient et ont des réactions chimiques que les choses deviennent vraiment intéressantes. De par leur nature, certaines liaisons chimiques sont assez similaires aux relations humaines. Dans notre cercle d'amis, il y a par exemple un couple inséparable, surnommé « les Steffis » parce qu'ils s'appellent réellement Steffi et Stefan. Tout cela semble dégoulinant d'harmonie, mais le comble de l'ironie, c'est que c'est exactement l'inverse. On pourrait dire que les Steffis passent leur temps à se disputer, mais pour être exacte, c'est Steffi qui râle sans cesse pendant que Stefan la supporte en silence. Cette relation semble très déséquilibrée : Steffi est extrêmement exigeante, Stefan est extrêmement conciliant. Christine trouve que Stefan y est perdant. Personnellement, je soupçonne que Stefan y trouve son compte, ni plus ni moins. Tous les deux sont ensemble depuis longtemps et, je pense, heureux à leur manière. Christine qualifierait la relation des

Steffis de « liaison métastable », tandis que je la considère plutôt comme une « liaison ionique ».

Il existe trois types différents de liaisons chimiques, du moins trois types qui valent la peine d'être connus : la liaison ionique, la liaison atomique – aussi appelée liaison covalente – et la liaison métallique. La matière qui lie deux atomes est toujours la même : ce sont des électrons. Les liaisons chimiques résultent du partage d'électrons. Plus précisément, ce sont les électrons de valence qui se répartissent entre les atomes, comme on l'a expliqué au chapitre 2, si vous vous souvenez bien. La raison pour laquelle les atomes se lient est par exemple la règle de l'octet. Mais la nature de la liaison dépend de la manière dont les électrons sont échangés entre les partenaires.

Dans une liaison ionique, l'un des éléments cède un électron à l'autre. Il peut aussi y avoir plusieurs électrons, selon les besoins résultant de la règle de l'octet. On connaît l'exemple du fluorure de sodium dans le dentifrice ou celui du chlorure de sodium, notre sel de cuisine. Il y a des charges positives et négatives, des cations et des anions (on se souvient du chapitre 2) qui s'attirent mutuellement.

Il se passe souvent la même chose dans les relations, c'est-à-dire les liaisons entre les humains. Là aussi, on dit que les opposés s'attirent : bingo, une liaison ionique !

Mais contrairement aux Steffis, on ne doit pas s'imaginer qu'une liaison ionique comme celle du chlorure de sodium consiste en ions sodium et chlorure couplés par deux. Entre le sodium positif et le chlorure négatif, l'attraction électrostatique de chaque ion rayonne dans toutes les directions. Chaque ion sodium s'entoure d'ions chlorure dans les trois dimensions et inversement. Il en résulte une structure tridimensionnelle ordonnée, le cristal ionique. Dans le sel de cuisine, le cristal ionique a l'aspect suivant :

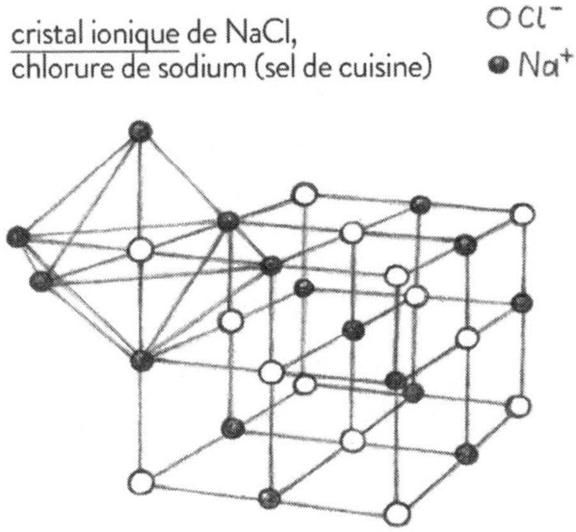

Au chapitre 2, j'ai qualifié cette liaison de « couple modèle », mais de ce point de vue, ce n'est peut-être plus tout à fait le bon terme. Une liaison ionique est un couple déséquilibré dans lequel l'un des partenaires donne, l'autre prend. Mais ils sont heureux ainsi, comme les Steffis. En fin de compte, l'un ne veut rien d'autre que donner, l'autre ne veut rien d'autre que prendre (tout comme dans nos réactions redox au chapitre 6). C'est peut-être quand même un mariage parfait, même si ce n'est pas forcément un modèle du genre, puisque de l'extérieur, on va probablement juger Steffi et plaindre Stefan. On peut aussi appliquer le principe de cette liaison chimique à d'autres relations humaines. Le lien maman-dino qui unit Christine et Torben ressemble assez à une liaison ionique, je trouve.

Passons maintenant à une autre liaison, plus proche de celle que j'ai avec Christine. Au chapitre 2, j'ai parlé de la liaison entre le carbone et le fluor dans le Téflon. Les liaisons organiques, c'est-à-dire qui contiennent du carbone, sont prédestinées à être des liaisons atomiques, également appelées liaisons covalentes. Personnellement, je préfère la désignation de liaison covalente, qui me semble plus parlante que celle de liaison atomique. Après tout, est-ce que toutes les liaisons ne sont pas des liaisons entre des atomes ? Les partenaires des liaisons covalentes se partagent les électrons, il n'y en a pas un qui prend et l'autre qui donne. Ce sont les électrons partagés qui les maintiennent ensemble, pas l'attraction électrostatique entre les charges. Vous avez déjà rencontré plusieurs liaisons covalentes dans ce livre :

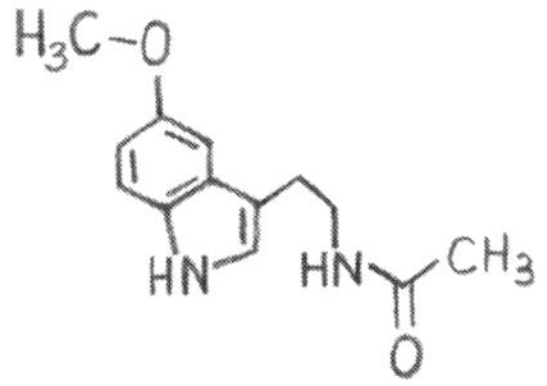

mélatonine

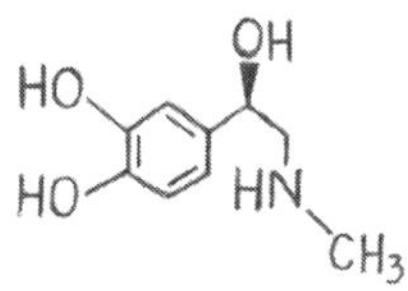

adrénaline

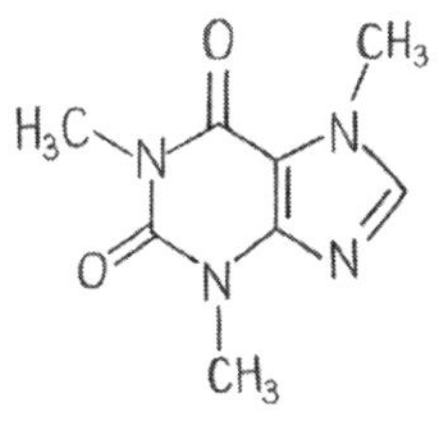

caféine

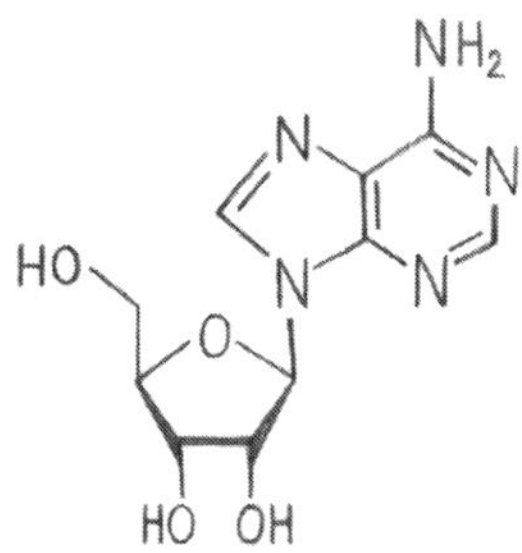

adénosine

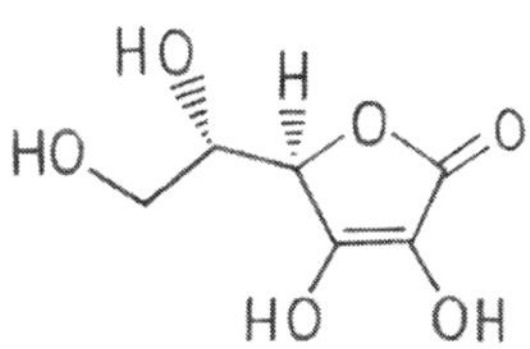

acide ascorbique

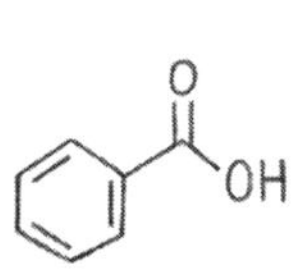

acide benzoïque

Chaque trait représente une liaison covalente. Et chaque angle dans lequel aucune lettre n'est indiquée est un atome de carbone. Comme notre vie est dominée par le carbone, la plupart des molécules contiennent tellement d'atomes de carbone qu'on peut s'épargner la peine d'écrire C (ou CH, CH_2, CH_3) partout :

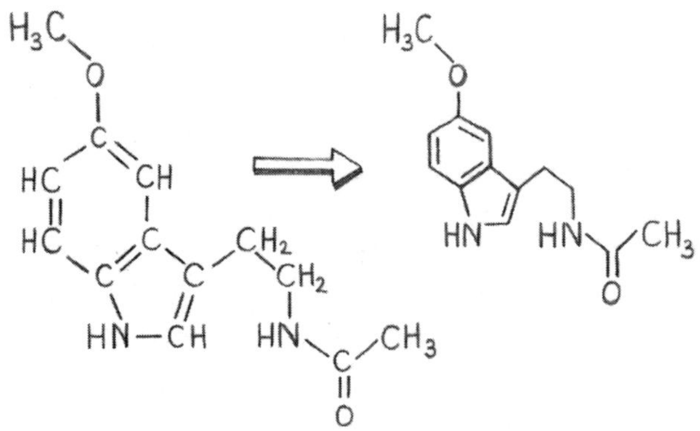

représentation simplifiée des structures chimiques – exemple de la mélatonine

Le fait que le carbone soit un expert dans la formation de liaisons covalentes est également l'une des raisons pour lesquelles la vie est basée sur le carbone et c'est pourquoi nous supposons que *toute* vie doit être basée sur le carbone. En effet, contrairement à la liaison ionique, la liaison covalente ne s'établit pas de manière radiale dans toutes les directions, il y a toujours une direction donnée et un angle donné entre deux liaisons. Avec des liaisons covalentes, on peut donc construire des structures bien plus élaborées qu'avec des liaisons ioniques, comme notre ADN, de longues protéines complexes ou bien toutes les molécules que vous trouvez dans ce livre. Mais il existe aussi de petites molécules simples à base de liaisons covalentes, comme nos molécules gazeuses, tandis que des liaisons ioniques forment directement des structures cristallines.

Toutefois, la transition entre une liaison ionique et une liaison covalente est fluctuante. Tous les partenaires d'une liaison covalente ne sont pas forcément égaux, l'un d'eux peut « monopoliser » les électrons. Le partage des électrons est plus ou moins équitable en fonction de la différence d'électronégativité des atomes. L'électronégativité est la capacité d'un élément chimique à attirer les électrons vers lui dans le cadre d'une liaison. Entre deux atomes égaux, typiquement deux atomes de carbone, la liaison est parfaitement équitable et équilibrée. Mais dans une molécule d'eau (H_2O), l'atome d'oxygène (O) est plus électronégatif que celui d'hydrogène (H) et attire plus fortement les électrons partagés par la liaison. Cela ne rend pas l'eau ionique, mais la densité électronique de l'atome d'oxygène est supérieure à celle des atomes d'hydrogène. Cela génère ce qu'on appelle une polarité : comme avec les pôles négatif et positif d'une batterie, on observe une séparation de charges sous une forme atténuée dans la molécule d'eau. On dit également que l'atome d'oxygène a une charge partielle négative, et les atomes d'hydrogène une charge partielle positive. Une liaison covalente avec une touche ionique, en quelque sorte. C'est aussi ce qu'on appelle une liaison atomique polaire, ou une liaison covalente polaire.

Lorsque la différence d'électronégativité est très importante, l'un des partenaires attire tous les électrons et on obtient une liaison ionique.

Je m'amuse toujours beaucoup à comparer les relations humaines à des liaisons ioniques ou covalentes. Certaines personnes cherchent dans leurs partenaires et amis des pôles opposés, tandis que je suis plutôt du genre covalent. Par exemple, je trouve que mon couple est très covalent. Et je choisis aussi mes amis pour que nous ayons autant que possible une « compatibilité covalente ». Pour d'autres, cela peut sembler ennuyeux, mais cela a ses avantages. Quand Christine a organisé mon enterrement de vie de jeune fille, elle a réuni certaines de mes amies qui ne s'étaient encore jamais rencontrées. Christine a été enchantée par la simplicité et l'harmonie qui ont régné lors de cette soirée. Cela doit être dû à mes préférences covalentes en matière d'amitié.

Pour finir, il existe encore les liaisons métalliques, qui sont un cas à part. Elles permettent au lingot d'or ou au clou en fer d'exister. Et bien sûr à la cuillère du chapitre 1, où on se représentait la liaison métallique comme un jeu d'escalade. Mais maintenant, on peut entrer un peu plus dans les détails, n'est-ce pas ?

On peut répartir les éléments chimiques en deux catégories : les métaux et les non-métaux. Les quatre cinquièmes des éléments du tableau périodique sont des métaux. Leur point commun est leur manière intéressante de se lier suivant le modèle de l'électron libre : là, les électrons de valence ne sont pas attachés à un atome spécifique, mais se déplacent relativement librement au sein du métal, un peu comme les molécules d'un gaz. C'est pour cela qu'on appelle cet ensemble un gaz d'électrons.

Comme la liaison covalente, la liaison métallique repose sur le partage d'électrons, mais le métal va plus loin dans la mise en commun : tout le monde partage tout.

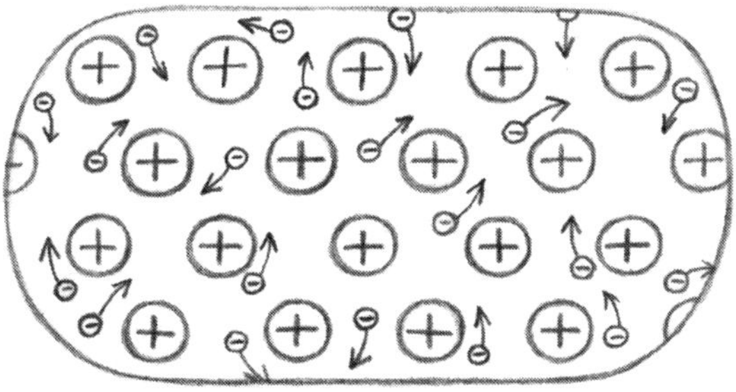

modèle du gaz d'électrons

Si les atomes de métal laissent leurs électrons se promener librement, ils restent chargés positivement. Ces atomes ionisés forment « l'échafaudage » du métal, la structure cristalline métallique. Les atomes positifs et les électrons s'attirent mutuellement, comme les cations et les anions dans un cristal ionique. Mais comme les électrons peuvent se déplacer entre les atomes, un cristal métallique n'est pas aussi rigide qu'un cristal ionique. Et c'est ce qui donne aux métaux leurs propriétés particulières.

Les métaux ont trois propriétés caractéristiques qui résultent toutes de la liaison métallique et du gaz d'électrons.

Premièrement : les métaux conduisent l'électricité.

Le courant électrique n'est rien d'autre qu'un flux d'électrons. Or, dans un gaz d'électrons, ceux-ci s'écoulent très facilement. Si on branche un fil métallique sur une batterie, d'un côté des électrons seront attirés, de l'autre ils seront expulsés.

Deuxièmement : les métaux sont de bons conducteurs thermiques.

Cela nous ramène au chapitre 1 et à la cuillère en métal plus froide au toucher que le plateau d'une table en bois. Si la conduction thermique n'est rien d'autre que la transmission d'énergie cinétique entre particules, l'opération fonctionnera particulièrement bien avec des particules qui se déplacent librement et entrent en collision le plus souvent possible. Chaque collision au sein du gaz d'électrons transmet de l'énergie d'un électron à un autre. Le bois, lui, est fait de liaisons covalentes : d'un point de vue moléculaire, il est beaucoup plus rigide et conduit moins bien la chaleur.

Troisièmement : les métaux sont ductiles, c'est-à-dire faciles à déformer.

Je ne veux pas dire que les métaux sont forcément mous. La dureté et la ductilité sont deux choses différentes. Un fil de métal est dur et ductile (c'est-à-dire malléable) en même temps. Si on prend un morceau de bois ou de verre et qu'on essaie de le plier, il va se briser, parce que ces deux matériaux sont cassants. Une barre de métal, elle, peut être déformée parce que les atomes ionisés qui forment la structure cristalline ne sont pas fixés à leur place. Ils peuvent glisser en souplesse les uns à côté des autres, entourés par un coussin de gaz d'électrons, ce qui permet de forger et de laminer les métaux sans qu'ils se cassent.

Je trouve toujours fascinante la manière dont les propriétés physiques ou biologiques des matériaux s'expliquent par leur structure chimique. C'est tout simplement génial ! Ce qui est encore mieux, c'est qu'on peut utiliser cette compréhension pour fabriquer des molécules et des matériaux possédant les propriétés qu'on souhaite. Comment est-ce qu'on peut ne pas trouver cela génial ? Comment est-ce qu'on peut ne pas trouver la chimie géniale ? Je ne le comprendrai jamais.

– Oh nooooon, gémit Christine en regardant son portable d'un air affligé.

– Qu'est-ce qu'il y a ?
– Tesla junior a décliné. Il va chez King K.
Christine est complètement découragée.

« Tesla junior » est un jeune homme qui avait postulé auprès d'elle pour un doctorat et qui ressemble, paraît-il, à Nikola Tesla jeune. C'est un très bon étudiant qui avait marqué Christine lors de son entretien en lui laissant une impression très prometteuse. Le groupe de recherche de Christine est réduit, mais elle a le chic pour sélectionner les bonnes personnes. Son équipe est formée de bons scientifiques qui travaillent bien ensemble, c'est une combinaison importante. L'atmosphère au sein du groupe doit être constructive et motivante. Par exemple, elle a déjà refusé une candidate très compétente dans son domaine, mais qui ne lui semblait pas adaptée sur le plan humain. Tesla junior aurait certainement été parfait pour l'équipe, mais Christine est en concurrence avec huit autres groupes de recherche au sein de l'institut, et la plupart des candidats veulent aller chez King K parce qu'il dirige l'institut et que c'est le professeur le plus renommé. Certes, un groupe « junior » est un risque, parce qu'on ne sait jamais si un nouveau groupe va réussir. Comme les professeurs junior tels que Christine sont eux-mêmes soumis à une intense pression, on est certes mieux encadré sous leur tutelle, mais le risque de se faire exploiter comme un esclave est également plus élevé – on l'a vu dans l'affaire Carreira. En tout cas, ce Tesla va regretter sa décision, j'en suis sûre.

– Et je vais devoir passer les prochaines années à regarder ce type se faire hacher menu par King K, déplore Christine.

Je passe le bras autour de son épaule :

– Quelle journée de m…, hein ?

– Hmmm…

Le dino aussi a un air tristounet.

– Passe chez moi ce soir, je te mijoterai quelque chose, dis-je.

Christine hésite. Pour l'instant, tout ce qui mijote dans sa tête, c'est le besoin de travailler encore plus dur pour réussir encore plus vite afin de ne plus perdre de bons étudiants au profit de King K. Qui aurait le temps de dîner, dans ces conditions ?

– Vous savez quoi ? Venez tous les deux, dis-je à Christine et Torben. Pour 19 heures, pas de discussion.

9

LA CHIMIE, QU'EST-CE QUE ÇA PUE !

Je descends deux arrêts plus tôt parce que je ne supporte plus la puanteur. Au début, je n'ai pas voulu croire que l'insoutenable odeur de transpiration émanait de cet homme séduisant (visuellement parlant) assis à côté de moi, mais au moment de quitter le bus, j'ai bien identifié la source de la pestilence : ce type puait le TMHA, l'acide trans-3-méthyl-2-hexanoïque. C'est un acide gras apparenté à l'acide caproïque, dont le nom est dérivé du mot latin *capra* signifiant bouc, parce qu'il a une odeur prononcée… de bouc.

L'acide caproïque est un acide gras saturé, ce qui signifie que la chaîne carbonée contient uniquement des liaisons simples, aucune liaison double. Si on insère une liaison double dans l'acide caproïque, on obtient un acide gras insaturé, et si on accroche un groupe méthyle à cette liaison double, cela donne la formidable molécule de TMHA qui dégage cette odeur caractéristique et proprement renversante de sueur :

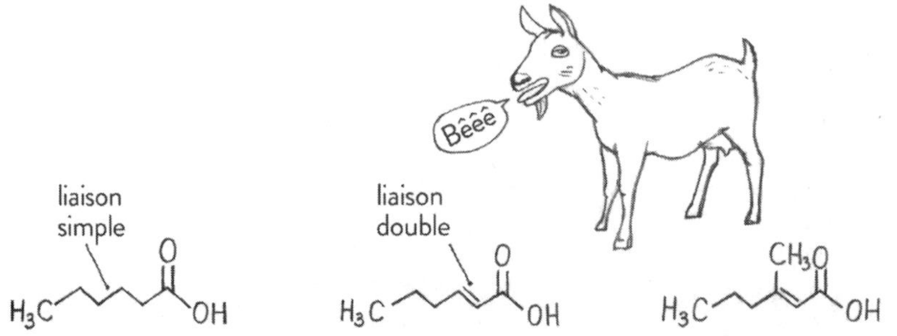

acide caproïque (acide gras saturé)

(acide gras insaturé)

acide trans-3-méthyl-2-hexanoïque

Vous trouvez peut-être cela dégoûtant, et vous préféreriez en apprendre plus sur les acides gras saturés et insaturés, mais c'est un sujet sur lequel nous reviendrons au moment du dîner. Pour l'instant, nous pouvons encore parler tranquillement de molécules puantes – je n'aime pas tellement leur odeur, mais elles sont quand même fascinantes.

Les odeurs sont causées par des molécules volatiles. Volatil signifie « qui s'évapore facilement ». Quand je sens une odeur désagréable, c'est parce que les molécules qui en sont responsables pénètrent physiquement dans mon nez. En ce qui concerne le type du bus, oui, une partie de sa sueur a effectivement voleté depuis ses aisselles jusqu'à mes narines. Je sais, la réalité n'est pas toujours simple à affronter.

La chimie organique est associée à des odeurs intenses. Les arômes et les parfums les plus merveilleux sont des molécules organiques, tout comme les puanteurs les plus immondes. En Allemagne, dans le cursus de chimie, on désigne la chimie organique par son acronyme OC, deux lettres qui déclenchent soit la répulsion, soit l'effroi. D'abord, parce qu'en OC, il faut beaucoup apprendre par cœur.

Un jour, alors que je gribouillais des formules de structures organiques, mon colocataire m'a dit : « C'est cool, que tu saches à quoi ça ressemble, tout ça. » Il voulait dire que c'était cool que j'arrive à m'en souvenir. Mais le plus fascinant, dans l'affaire, c'est que nous savons à quoi ressemblent des structures chimiques que nous ne pouvons pas voir. Voilà ce qui est merveilleux, en chimie. Pourtant, à côté de la théorie, à peu près la moitié des études de chimie se déroulent en laboratoire. En Allemagne, les chimistes appellent cela des stages, ce qui peut prêter à confusion auprès des non-chimistes. C'est dans la nature des stages d'OC, qui ont déjà conduit l'un ou l'autre étudiant en chimie à remettre en question non seulement son choix de cursus, mais aussi tout le sens de la vie. Pourtant, les stages d'OC sont bigrement passionnants : en chimie organique, tout est question de « cuisine », comme disent les chimistes, c'est-à-dire de synthèse, la fabrication de nouvelles molécules « *from scratch* », à partir de rien. Quelle sensation de fabriquer de ses propres mains des molécules invisibles à l'œil nu et même impossibles à distinguer avec le meilleur microscope au monde ! On se sent un peu comme un magicien. Cependant, les stages d'OC sont aussi très pénibles. En outre, ils s'accompagnent d'une odeur tout à fait caractéristique. On peut mettre n'importe quelle chimiste dans un bâtiment universitaire de chimie organique inconnu, elle trouvera les laboratoires à l'odeur. Or, ce n'est pas une odeur agréable. J'avais toujours honte quand je me retrouvais dans un bus bondé après un stage d'OC, parce que tout le monde devait supporter cette odeur. Le type de tout à l'heure sentait la rose, par comparaison. Pourtant, le TMHA est une molécule organique aussi. D'ailleurs, nous savons tous que ce n'est pas la seule molécule puante que les humains peuvent dégager. En voici une petite sélection :

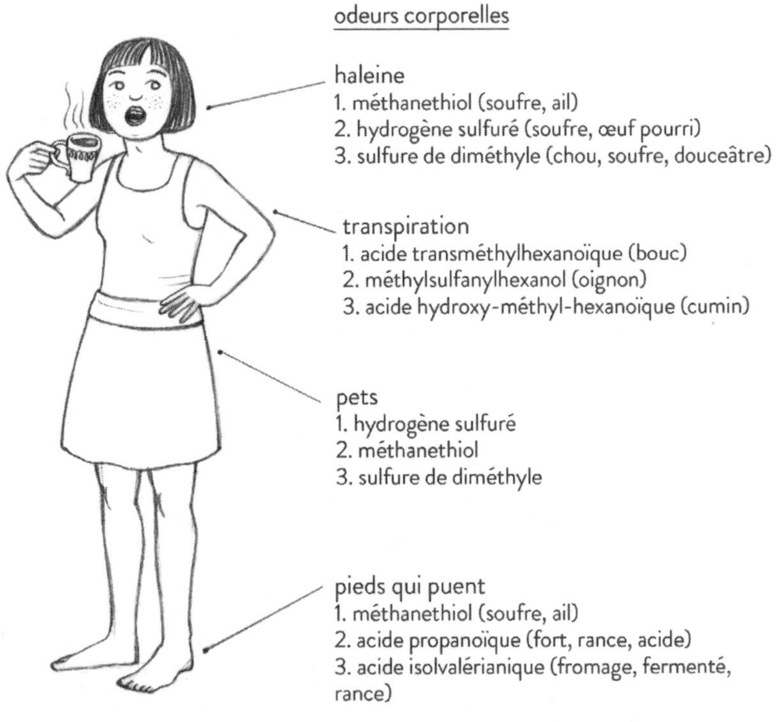

Mais avant de vous dire que c'est juste un truc marrant et de poursuivre votre lecture, demandez-vous *d'où* nous savons tout cela. Pensez-vous que quelqu'un a calculé la composition chimique d'un pet *en théorie* ? Oh non. On l'a déterminée par l'expérience, naturellement.

Une étude est particulièrement amusante, je ne voudrais pas vous en priver : en 1998, des scientifiques de Minneapolis ont étudié les flatulences de 16 hommes et femmes pour identifier les molécules responsables des mauvaises odeurs.

Au début, les participants n'ont pas eu grand-chose à faire, hormis péter dans un tuyau. Mais naturellement, dans une étude scientifique, on ne laisse rien au hasard. Les cobayes ont donc dû intégrer à leur dîner de la veille et à leur repas du matin 200 g de haricots ainsi que 15 g de lactulose, un glucide prébiotique que les bactéries de l'intestin digèrent en dégageant du gaz.

Le plus remarquable, dans cette étude, c'est l'analyse. Outre les méthodes classiques telles que la chromatographie en phase gazeuse, on a fait appel à deux « juges olfactifs » pour évaluer à quel point les odeurs étaient désagréables. Pourquoi seulement deux ? Eh bien, allez trouver des volontaires pour renifler des pets au nom de la science. En outre, pour obtenir un résultat scientifique exact, il faut un nez particulièrement sensible. Lors de précédents tests, il s'était avéré que ces deux juges avaient l'odorat très développé et qu'ils étaient capables de noter les odeurs en termes quantitatifs (quelle est l'intensité de l'odeur ?) aussi bien que qualitatifs (qu'est-ce qui différencie les odeurs ?). On leur a donc demandé de classer différents échantillons sur une échelle de 0 (sans odeur) à 8 (abominable). Ils ont également été chargés de décrire précisément l'odeur de différents gaz isolés : soufrée ? moisie ? sucrée ? Un simple « dégoûtant » n'est pas assez concret.

En majeure partie, un pet se compose de gaz inodores tels que l'hydrogène, l'azote et le CO_2. Mais parmi les gaz puants, les chercheurs ont constaté que l'hydrogène sulfuré (qui sent l'œuf pourri) était majoritaire, suivi du méthanethiol (qui sent les légumes moisis) et du sulfure de diméthyle (à l'odeur douceâtre, mais très désagréable).

Et que fait-on de ces connaissances ? Eh bien, toutes les recherches n'ont pas forcément un but pratique, elles peuvent se justifier sans répondre à la question « qu'est-ce que j'y gagne ? ». Le cœur de la science est avant tout de mieux comprendre le monde, et les flatulences en font partie. Mais cette étude est allée plus loin, et c'est là qu'elle devient vraiment drôle.

Lors d'une expérience supplémentaire, les chercheurs ont affublé les participants d'un pantalon en matériau étanche, scotché aux cuisses et sur les hanches pour empêcher l'air de passer. Afin de s'assurer qu'aucune molécule de gaz ne pourrait s'échapper, on les a même fait entrer brièvement dans l'eau – comme une chambre à air de vélo pour détecter une fuite – pour voir si quelques bulles ne trouveraient pas un chemin vers l'extérieur. Puis on les a branchés à des tuyaux pour récupérer l'intégralité des gaz de manière contrôlée aux fins d'analyse. Mais dans le pantalon se cachait un coussin en mousse, dont la surface était revêtue de charbon actif capable d'adsorber les molécules soufrées. L'opposé d'un coussin péteur, en quelque sorte un coussin « antipéteur » ! Les chercheurs voulaient voir quelle quantité de molécules malodorantes on pouvait capturer grâce à ce dispositif au charbon actif, et dans quelle mesure cela réduisait les mauvaises odeurs. Il y avait même des coussins placebo, dans lesquels le charbon actif était bloqué sous une couche de plastique étanche à l'air. Une méthode tout à fait correcte, donc.

Résultat ? Les pantalons équipés de coussins au charbon actif dégageaient moins de mauvaises odeurs. Le coussin antipéteur retenait plus de 90 % des gaz soufrés. Mais il faut préciser – c'est le comble de cette histoire, à mon avis – que ce coussin mesurait 43,5 × 38 × 2,5 cm, presque la taille d'un oreiller ! Si cette application se limite à un coussin surdimensionné dans le fond du pantalon, rien d'étonnant à ce que le produit n'ait jamais été mis sur le marché. Mais c'est aussi cela, la recherche. Entre des études aux résultats prometteurs et une utilité pratique, il y a souvent un monde.

Heureusement, la molécule qu'on pense « la plus puante du monde » n'existe pas dans la nature. Cette petite merveille porte le nom de thioacétone et a l'air parfaitement inoffensive :

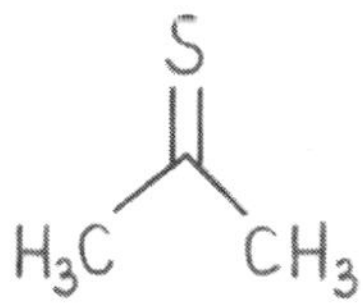

Il est cependant difficile d'obtenir de la thioacétone sous cette forme. À la place, on peut fabriquer ce qu'on appelle un trimère, composé en principe de trois molécules de thioacétone qui forment une structure cyclique. Quand on chauffe ce trimère, il se divise et libère la thioacétone :

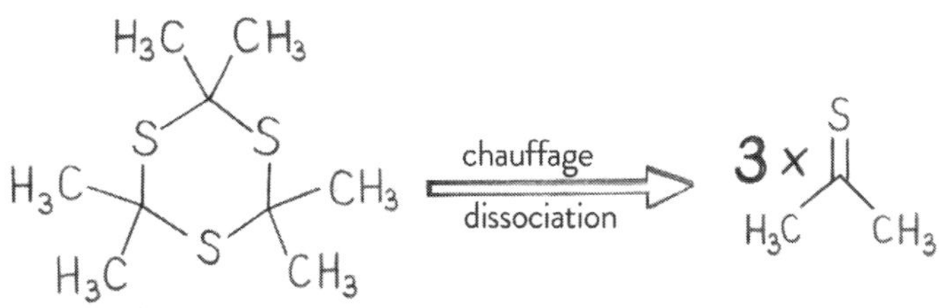

trimère de thioacétone (peu odorant) — thioacétone (puante !)

Mais est-ce que c'est vraiment ce qu'on veut ? Les premiers chimistes qui l'ont fait étaient originaires de Fribourg, dans le sud-ouest de l'Allemagne. Voici comment ils décrivent leurs expériences de l'année 1889 :

« Lorsque le produit de réaction fraîchement préparé [...] fut distillé après refroidissement soigneux à la vapeur d'eau, l'odeur se propagea rapidement jusqu'à des distances de 3 à 4 kilomètres, jusqu'à des quartiers éloignés de la ville. Les habitants des rues voisines du laboratoire se plaignirent que la substance odorante avait provoqué chez certaines personnes évanouissements, nausées et vomissements. »

À quoi reconnaît-on les véritables scientifiques ? Même la puanteur la plus atroce ne fait pas obstacle à leur curiosité. Seule une « *tempête de protestations* » a contraint les chimistes à cesser leurs essais. D'ailleurs, ils n'avaient prévu aucune application définie de cette molécule puante (peut-être comme arme ?). C'était simplement une molécule très difficile à isoler : raison suffisante pour essayer ! La science, c'est trouver les limites du possible.

Les chimistes fribourgeois étaient déjà la preuve que les chimistes organiques sont les plus fous des chimistes. Enfin, c'est mon avis. Ce sont aussi souvent ceux qui travaillent le plus dur. Mon papa est chimiste organique de formation, même s'il a bifurqué ensuite vers la chimie des polymères. Pendant son doctorat, il a eu la chance de travailler sur des substances à l'odeur agréable, notamment sur l'arôme des petits pains tout chauds. Maman aime raconter que c'est ce parfum qu'il rapportait le soir à la maison. Mon mari est lui aussi chimiste organique, mais son doctorat a été bien moins plaisant pour moi. Le bureau de Matthias était dans le laboratoire, il n'y avait pas de bureau séparé. Chez moi non plus, mais j'avais volontairement choisi un domaine de recherche aussi peu toxique que possible pour mon doctorat. Matthias, en revanche, passait ses journées dans un laboratoire avec cinq autres chimistes organiques qui cuisinaient au quotidien des substances empoisonnées et macéraient dans leurs propres vapeurs. Certes, le travail de laboratoire s'effectue sous une sorbonne, une espèce de hotte aspirante très efficace, et les bonnes techniques de labo minimisent les contacts avec les produits chimiques. Malgré tout, on reste exposé dans une certaine mesure aux substances. À la maison, nous avions un bac à linge sale spécial pour les vêtements de laboratoire de Matthias. En rentrant du travail, il commençait par se débarrasser de ses guenilles et partait directement à la douche, il ne s'approchait pas de moi avant. Presque tous les jours, Matthias rentrait à la maison imprégné de l'odeur de l'OC. Si moi, j'arrivais à la sentir à la maison, qu'est-ce que Matthias devait supporter et respirer toute la journée ? Cela me rendait furieuse : j'étais furieuse contre son chef, contre l'institut de chimie organique, contre l'université entière. Comment est-ce possible que dans un pays comme l'Allemagne, certains instituts soient incapables de fournir à leurs doctorants en chimie des bureaux séparés du laboratoire ?

Dans la nature, la puanteur est un signal qui nous conseille de décamper. Par exemple, si nous trouvons l'odeur des déjections corporelles aussi dégoûtante, c'est pour que nous gardions nos distances, parce qu'elles risquent de véhiculer des maladies. Mais tout ce qui pue n'est pas nocif, et tout ce qui est nocif ne pue pas. Ce serait bien pratique, mais les substances toxiques ne se font pas toujours remarquer.

Quand j'ai commencé mes études de chimie, j'avais un respect immense pour les acides. L'une des premières expériences qu'on réalise au cours de ce cursus est le titrage acide-base, qui nous amène à manipuler de l'acide chlorhydrique. Toute la classe se faisait dessus à l'idée de se brûler. On s'habitue toutefois assez vite. Au fil du temps, on devient toujours plus sûr et plus adroit. On finit par être reconnaissant envers les acides, parce que si on s'en renverse sur la peau, on le remarque immédiatement et on peut prendre les mesures nécessaires. Les produits chimiques les plus sournois sont ceux qu'on ne remarque pas, mais qui peuvent provoquer des cancers des années plus tard.

L'une des expériences les plus impressionnantes qu'on réalisait lors du premier stage d'OC pour apprendre à travailler proprement était la synthèse d'un colorant appelé violet de gentiane. Il forme de très jolis cristaux en aiguille à l'éclat métallique, d'une couleur bronze doré. Il faut dissoudre ces cristaux dans de l'eau ou un autre solvant polaire pour voir apparaître la couleur qui lui donne son nom : une quantité infime suffit à obtenir un bleu-violet intense. L'effet pédagogique de l'expérience ne résidait pas dans la fabrication de ce colorant, mais dans le nettoyage ultérieur des ustensiles de laboratoire. Plus nous frottions, plus tout devenait violet. C'est ainsi qu'on peut constater combien une substance peut se disperser dans une sorbonne ou sur une blouse. Comme nous devions réaliser cette expérience au début de nos études, nous n'étions pas encore très adroits en manipulation, et la saleté couleur de fleur était d'autant plus visible. Des semaines plus tard, l'un ou l'autre coin de la sorbonne se faisait encore remarquer par une coloration violette spontanée. J'y repensais régulièrement par la suite, quand je devais travailler avec des substances toxiques, mais incolores.

Le laboratoire me manque un peu. Quand je suis chez Christine, je suis souvent nostalgique. Elle s'énerve et me dit que je ne dois pas faire de romantisme. En cet instant, alors que je me promène en sandales au soleil, je suis heureuse de ne plus travailler en laboratoire. Je n'avais presque jamais de vacances universitaires, parce que quand il n'y avait pas cours, nous avions le plus souvent des stages pratiques. Et pendant mon doctorat, je n'avais guère de temps libre. J'ai donc passé presque neuf étés dans un laboratoire, c'est-à-dire en pantalon long, en chaussures fermées et en blouse. Parfois, il faisait tellement chaud que la sueur embuait mes lunettes de protection. Voilà quelque chose qui ne me manque pas.

En fait, les humains sont faits pour les températures élevées, puisqu'ils transpirent si bien. À part les molécules puantes, la sueur est essentiellement composée d'eau, et cette eau peut s'évaporer. Ce changement d'état ne se fait pas tout seul : il faut séparer les molécules d'eau qui s'attirent mutuellement sous leur forme liquide. Pour cela, on doit leur injecter de l'énergie, par exemple en les réchauffant. Si notre sueur veut s'évaporer, il lui suffit de prélever cette énergie dans la chaleur de notre corps, ce qu'elle fait. Elle extrait de notre corps la chaleur nécessaire pour s'évaporer, ce qui nous rafraîchit activement.

De ce point de vue, il est vraiment idiot d'utiliser des antitranspirants. Ne vous méprenez pas, je suis absolument pour les déodorants – je n'aime pas descendre du bus avant mon arrêt parce que quelqu'un ne contrôle pas son acide trans-3-méthyle-2-hexanoïque. Mais les déodorants ne sont pas des antitranspirants.

Les déodorants se contentent de lutter contre les mauvaises odeurs. Ils contiennent des substances antibactériennes, par exemple de l'alcool. En soi, la sueur ne sent pas mauvais. L'acide trans-3-méthyle-2-hexanoïque et consorts ne sont que les produits du métabolisme des bactéries. Et voilà, encore ces bactéries ! Si on veut, on peut considérer les humains simplement comme des écosystèmes ambulants pour bactéries. Ce sont ces organismes unicellulaires qui dominent réellement la planète, très intelligemment qui plus est, puisqu'ils habitent par exemple dans nos aisselles sans qu'on les remarque. Lorsque la sueur inodore sort de nos pores, elle est immédiatement dévorée par les bactéries qui « rotent » alors diverses molécules puantes. Les ingrédients antibactériens des déodorants compliquent la vie de ces bactéries, et avec un peu de parfum, cela rend le voyage en bus bien plus agréable pour tout le monde.

Les antitranspirants, eux, contiennent en plus des sels d'aluminium qui précipitent sous l'effet des protéines de nos aisselles. Cela signifie tout simplement que ces sels d'aluminium forment de mini-bouchons qui obturent les pores de la peau et empêchent ainsi la sueur de sortir. Ce n'est pas vraiment la solution la plus élégante, je trouve. Imaginez : des pores bouchés, ce n'est pas une idée attirante, n'est-ce pas ?

De nos jours, les sels d'aluminium sont décriés parce que certains pensent qu'ils peuvent provoquer des cancers du sein ou la maladie d'Alzheimer. Jusqu'à présent, ce ne sont que des suppositions, et on manque de preuves scientifiques solides, mais indépendamment de cela, je trouve perturbante la seule idée d'avoir les pores bouchés, même sans cancer du sein. Malgré tout, j'utilise régulièrement des antitranspirants, parce que les auréoles de sueur sous les bras sont embarrassantes. D'où ma question à l'humanité : pourquoi ne pouvons-nous pas simplement accepter les taches de sueur, dans notre société ?

Devant moi, un passant promène son chien qui halète. Le pauvre n'a pas de pores pour transpirer, lui. Cela me fait penser aux kangourous. Ils ne réussissent à supporter la chaleur du désert australien qu'en se léchant la fourrure pour que la salive les rafraîchisse en s'évaporant. Les chiens et les kangourous se moqueraient de nous s'ils savaient que nous nous bouchons volontairement les pores.

L'été, mon ami physicien Hannes porte toujours des vêtements techniques pour que la sueur s'évapore mieux. Cela peut sembler raisonnable, mais c'est un point de vue plutôt égoïste qui vient peut-être du fait qu'on considère les problèmes sous un angle purement physique. En effet, les fibres de polyester favorisent la prolifération de bactéries du genre *Micrococcus*, qui n'ont rien à envier aux bactéries de nos aisselles. C'est pour cela que nos tenues de sport dégagent une odeur aussi bestiale.

En fait, il faudrait mettre au point une sorte de déo nasal. Si je descends du bus parce que je ne supporte pas l'odeur de la sueur, c'est *mon* problème, pas celui du monsieur qui transpire. C'est moi qui devrais me pulvériser quelque chose dans le nez pour transformer les mauvaises odeurs en parfum agréable. Tout le monde pourrait tranquillement transpirer pendant l'été, et personne ne serait gêné par les odeurs.

Sur le principe, cette technologie serait tout à fait envisageable. Dans les parfums d'ambiance, on utilise des molécules appelées cyclodextrines.

Ce sont des molécules en forme de cage, littéralement capables d'emprisonner les mauvaises odeurs – pour une fois, les publicités à la télévision ne sont pas si éloignées de la réalité. Quelques cyclodextrines dans les trous de nez pourraient capturer les odeurs. Ce qui est dommage, c'est qu'elles captureraient aussi toutes les bonnes odeurs, ce serait vraiment embêtant. Pendant les repas, surtout, notre sens de l'odorat est essentiel. La perception du goût ne vient pas seulement de la nourriture qui touche les papilles gustatives de notre langue, mais aussi des molécules aromatiques volatiles qui montent de l'assiette jusqu'à notre nez. Au goût, une pomme et un oignon se ressemblent étonnamment, si on se bouche le nez.

En parlant de repas, j'ai prévu de cuisiner pour Christine et le dino, mais il me manque du chocolat pour préparer un bon dessert. Si on allait faire un tour au supermarché ?

10

IL Y A QUELQUE CHOSE DANS ~~L'AIR~~ L'EAU

À quoi pensez-vous quand vous entendez le mot « chimiste » ?

L'une de mes premières images est celle de mon père, debout dans les rayons du supermarché, un emballage quelconque à la main, en train de lire la liste des ingrédients. Il peut y passer très longtemps… Mon papa est un grand lecteur de supermarché. Petite, quand je le regardais, je me disais toujours que cela devait être vraiment formidable de comprendre si bien le monde qu'on pouvait y lire comme dans un livre ouvert.

Je ne suis pas aussi gravement atteinte que mon père, mais quand je vais faire les courses, je garde toujours l'œil ouvert, à l'affût des embrouilles marketing qui ont l'audace d'exploiter la méconnaissance généralisée de la chimie. Le premier rayon que je traverse en entrant au supermarché est celui des boissons. Je remarque une étagère garnie de bouteilles de *Smart Water*, une marque d'eau minérale du groupe Coca-Cola qui m'énervait déjà quand j'habitais aux États-Unis. Aujourd'hui, cette eau à la mode a aussi réussi à envahir les rayonnages en Allemagne. La *Smart Water* n'est pas de l'eau minérale ordinaire, c'est de l'eau distillée (c'est-à-dire de l'H_2O pure) à laquelle on a rajouté des minéraux. Au bout du compte, on obtient à peu près la même chose que dans toutes les autres eaux minérales vendues ici, ou que l'eau du robinet à la maison, mais le coût de production est inutilement élevé. Je dois reconnaître que la *Smart Water* réussit à donner un cachet séduisant à quelque chose d'aussi peu glamour que de la simple eau distillée pour fer à repasser : « *Inspired by clouds* », de l'eau inspirée des nuages, comme c'est mignon...

Cela dit, ils ont raison. Sur le principe, la distillation fonctionne exactement comme dans les nuages : l'eau s'évapore, puis se condense quand elle arrive à un endroit plus froid. Mais pour la *Smart Water*, cet endroit n'est pas dans le ciel. En pratique, c'est beaucoup plus trivial. On accélère la condensation à l'aide d'un refroidisseur, et à peine évaporée, l'eau redevient liquide et tombe dans un collecteur.

L'eau est maintenant très pure, parce qu'en s'évaporant, elle laisse sur place toutes les impuretés et c'est de l'H_2O pure qui se condense de l'autre côté. Cela a l'air intéressant, au premier abord : qui n'aimerait pas boire l'eau la plus pure ? Pourtant, l'eau du robinet aussi est purifiée pour être potable. De plus, lors de la distillation, l'eau abandonne quelque chose de très important : les minéraux, c'est-à-dire les sels qu'elle contenait. Il faut les réintroduire dans l'eau distillée pour qu'on puisse la boire. Certes, quand on a une alimentation normale, boire de l'eau distillée n'est pas mortel, comme certains le prétendent – elle n'a simplement aucun goût. Tout cela est bien compliqué, n'est-ce pas ? On pourrait argumenter en disant que ce processus de fabrication coûteux permet de contrôler précisément quels sels se retrouvent dans l'eau au final. C'est peut-être vrai, mais je ne vois pas en quoi cela serait utile pour des adultes en bonne santé. De toute manière, nous absorbons la plupart des minéraux par ce que nous mangeons.

La *Smart Water* est donc avant tout un gaspillage insensé de ressources ou un concept marketing extrêmement malin, selon le point de vue. Pire, ses fabricants affirment utiliser de l'eau de source, c'est-à-dire une eau parfaitement potable, *perfectly fine*, comme diraient les Américains. L'eau de source est pleine de minéraux et filtrée par les couches de roche qu'elle a traversées. Seulement, ce n'est pas de l'eau des nuages. Voilà l'idiotie qu'on nous présente comme *Unique Selling Point*, la promesse marketing par excellence. C'est *unique*, on ne peut pas le nier.

En matière d'eau potable, la créativité semble illimitée : sur internet, on peut acheter de « l'eau de lune », mise en bouteille à la pleine lune. Une bouteille de cette eau coûte aussi cher qu'une bouteille de vin de base, mais à ce prix, elle est pleine d'énergie lunaire. Naturellement, il existe aussi de l'eau de soleil, mise en bouteille en plein soleil. Pour les bioénergies ensoleillées et chaleureuses, bien sûr. On trouve aussi des pierres précieuses à déposer dans l'eau. Toutefois, le souhait d'avoir une eau de meilleure qualité ne se cantonne pas à l'ésotérisme. Combien de filtres sont vendus pour transformer l'eau du robinet ordinaire en eau de table parfaitement potable ? Pourtant, en Allemagne, les normes de qualité de l'eau du robinet sont plus strictes que celles qui s'appliquent à l'eau minérale vendue en grande surface. Certaines eaux de marque onéreuses ne soutiennent pas la comparaison face à l'eau du robinet, d'après l'organisation de consommateurs *Stiftung Warentest*. Si vous voulez acheter de l'eau plate en bouteille parce que vous avez une marque favorite, vous pouvez bien vous payer ce luxe, aucun problème. Mais hormis les goûts personnels, il n'y a dans ce pays aucune raison pour bouder l'eau du robinet.

Ce qui m'interpelle, c'est que les gens se posent beaucoup de questions au sujet de l'eau, mais ne voient pas ce qui rend cette substance aussi fascinante. L'eau n'a besoin ni du clair de lune, ni de pierres précieuses pour être une molécule vraiment magique. J'aimerais donc creuser un peu le sujet pour rendre un hommage bien mérité à cette molécule géniale.

Au chapitre 8, j'ai dit que la liaison entre les atomes de l'eau était une liaison covalente polaire. L'atome d'oxygène a une charge partielle négative, tandis que les atomes d'hydrogène sont partiellement positifs. De plus, la molécule d'eau forme un angle : on obtient ainsi un dipôle, avec un pôle positif et un pôle négatif.

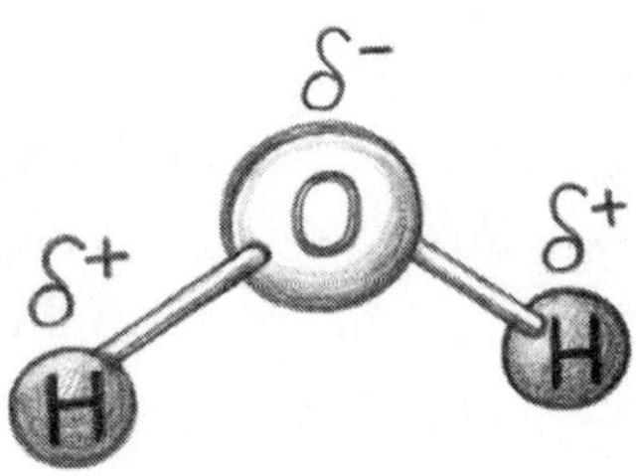

dipolarité d'une molécule d'eau

Les charges positives et négatives s'attirent mutuellement, ce qui donne à l'eau l'une de ses caractéristiques les plus importantes : non seulement il y a des liaisons chimiques entre les atomes d'une molécule, mais on a également des interactions relativement fortes entre les différentes molécules. Les forces d'attraction qui s'exercent entre les charges partielles négatives et positives ne sont pas aussi importantes que celles d'une liaison ionique, mais elles sont assez notables pour mériter le nom de liaison : les liaisons hydrogène. Pour simplifier, on parle aussi de ponts hydrogène.

Ces ponts hydrogène ne se retrouvent pas que dans les molécules d'eau. Ils peuvent apparaître partout où de l'hydrogène forme une liaison covalente avec un atome électronégatif. Mais dans l'eau, ils méritent qu'on s'y attarde : sans eux, nous n'existerions pas. Aucune vie n'existerait sur Terre.

Sans les ponts hydrogène, l'eau ne serait pas liquide à la pression et aux températures qui règnent sur cette planète, mais gazeuse. On le sait quand on observe des molécules à peu près aussi grosses (ou petites) que l'eau, mais qui n'ont pas de ponts hydrogène, par exemple le méthane CH_4 ou le dioxyde de carbone CO_2 : tous les deux sont des gaz dans les conditions terrestres.

Si l'eau bout et s'évapore seulement à partir de 100 °C à la pression atmosphérique normale, c'est grâce aux ponts hydrogène qui retiennent les molécules d'eau ensemble.

Les poissons aussi sont reconnaissants envers les ponts hydrogène, parce que même au plus froid de l'hiver, les lacs et les étangs gèlent rarement jusqu'au fond. C'est une question de densité : comme tout le monde le sait, la glace flotte sur l'eau liquide. Mais même si nous le constatons à chaque fois que nous mettons des glaçons dans notre verre, nous ne nous en émerveillons pas assez.

Repensons au modèle des particules du chapitre 1. Les états de la matière – solide, liquide, gaz – se définissent en fonction de la densité des particules dans un volume donné. Dans un solide, les particules sont bien tassées ; dans un liquide, elles ont un peu plus de liberté de mouvement et la densité est moins forte ; enfin, c'est dans le gaz que la densité est la moins élevée. C'est pour cela qu'on peut modifier l'état d'un matériau à l'aide de la température ou de la pression. Quand on augmente la pression, les particules sont plus serrées, leur densité augmente. En comprimant du gaz, on obtient ainsi du liquide, et on peut même arriver à un solide. Si on choisit plutôt de baisser la température, on réduit les mouvements des particules ; celles-ci occupent moins de place, ce qui aboutit également à une densité accrue. En refroidissant la vapeur d'eau, on obtient ainsi de l'eau liquide, puis de la glace.

Eh, mais, attendez un peu ! Si la glace (H_2O solide) flotte sur l'eau (H_2O liquide), cela signifie que la densité de la glace est inférieure à celle de l'eau, voilà qui est inattendu ! Comment est-ce que le liquide peut être plus dense que le solide ? Vous avez deviné : à cause des ponts hydrogène. Cette curiosité s'appelle l'anomalie de densité de l'eau. Quand on refroidit de l'eau, elle commence par se comporter tout à fait normalement : la densité augmente comme il faut au fur et à mesure que la température diminue. Les particules sont de plus en plus lentes, ce qui permet aux ponts hydrogène de se former plus facilement et de resserrer encore les particules. Mais à 4 °C, l'eau atteint sa densité maximale. C'est alors qu'il se passe quelque chose de drôle : si on continue à refroidir l'eau jusqu'à 0 °C, la densité diminue, c'est-à-dire que les molécules d'eau s'éloignent les unes des autres.

Pourquoi ? Parce que le mouvement des particules est devenu si lent que les molécules ont enfin le temps et la tranquillité nécessaires pour se ranger bien en ordre : elles commencent à se disposer de manière symétrique jusqu'à former une structure cristalline. On peut pratiquement l'observer à l'œil nu, dans les flocons de neige ou les cristaux de glace. En effet, les motifs symétriques d'un flocon ne sont que le résultat de l'arrangement des atomes. Dans un cristal de glace, chaque atome d'oxygène est entouré de quatre atomes d'hydrogène : deux auxquels il est lié par des liaisons covalentes, les deux autres par des liaisons hydrogène. Cette structure cristalline présente des espaces relativement grands, donc une densité plus faible.

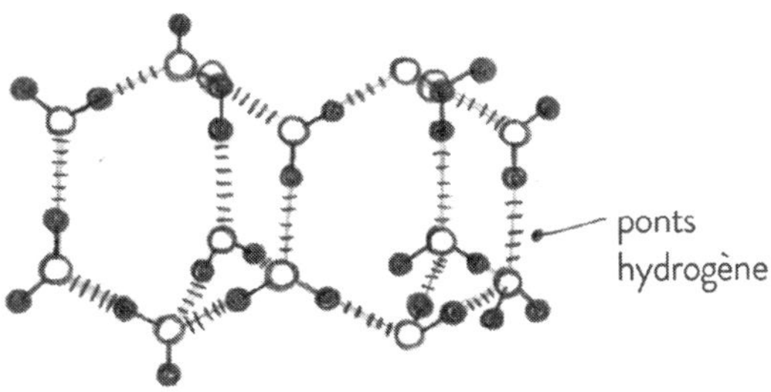

structure cristalline de la glace

Mais pourquoi est-ce que c'est si important pour les poissons ?

En hiver, quand l'eau refroidit, elle tombe vers le fond du lac, puisque plus elle est froide, plus elle est dense (on dit aussi « lourde »). Comme c'est à 4 °C qu'elle est la plus dense, l'eau du fond est à cette température, et devient progressivement plus froide quand on se rapproche de la surface. À un moment donné, la surface du lac gèle, du haut vers le bas. Sans l'anomalie de densité de l'eau, la glace serait plus lourde que l'eau liquide, et le lac gèlerait du fond vers la surface. Si la glace se formait à partir du bas pendant que la surface est exposée au vent froid, le lac gèlerait totalement. Mais comme il gèle depuis le haut, la couche de glace joue un rôle d'isolant thermique pour les couches d'eau plus profondes, et les poissons peuvent passer tranquillement l'hiver dans l'eau liquide. C'est plus pratique pour nager. Et pour respirer.

Nous aussi, nous profitons de l'anomalie de densité de l'eau en hiver : sans elle, pas de patinage artistique. En fait, le patinage est une curiosité absolue, quand on y réfléchit. Pourquoi est-ce qu'il ne fonctionne que sur la glace ? Pourquoi est-ce qu'on ne peut pas patiner sur n'importe quelle surface solide, comme l'asphalte des rues ? Parce qu'en réalité, quand nous patinons, nous ne touchons pas la glace ! Nous glissons sur une mince couche d'eau qui se forme au moment où nos patins exercent une pression sur la glace. Avec d'autres matières, il faudrait réduire la pression pour qu'elles passent de l'état solide à l'état liquide. C'est l'anomalie de densité de l'eau qui nous permet de patiner : la pression accrue agit sur les particules, qui abandonnent leur structure cristalline à larges mailles pour se rapprocher, et il se forme une couche liquide sur laquelle nous glissons sans peine. Une fourmi en mini-patins serait incapable d'en faire autant, parce qu'elle serait trop légère et ne pourrait pas exercer une pression suffisante pour générer la couche d'eau nécessaire. Pour elle, ce serait comme patiner sur la route.

En contrepartie, certains insectes peuvent marcher sur l'eau – l'araignée d'eau en tire même son nom, par exemple. C'est aussi grâce aux ponts hydrogène. En effet, la cohésion entre les molécules d'eau confère à l'eau liquide une tension superficielle relativement élevée, ce dont on a déjà parlé au chapitre 3 avec les bulles de savon. On peut s'imaginer cela comme des troncs, qui forment un radeau seulement une fois qu'on les a attachés. Si chaque molécule d'eau se contentait de nager en toute indépendance, l'araignée d'eau coulerait à pic. Mais comme les molécules d'eau se « tiennent » par des ponts hydrogène (comme une sorte de radeau), elles forment un fin réseau capable de soutenir le poids d'un insecte.

On peut observer cet effet très facilement avec un trombone et un verre d'eau : si on dépose doucement le trombone à plat sur l'eau, il flotte. Pourtant, il est en métal et sa densité est supérieure à celle de l'eau (en termes courants, on dirait qu'il est « plus lourd »). De fait, le trombone ne devrait pas flotter, mais la tension superficielle de l'eau le soutient. Si on réduit cette tension superficielle en versant une goutte de liquide vaisselle dans le verre, les tensioactifs se répandent à la surface, le radeau « ramollit » et plop ! le trombone coule.

Expérience n° 3

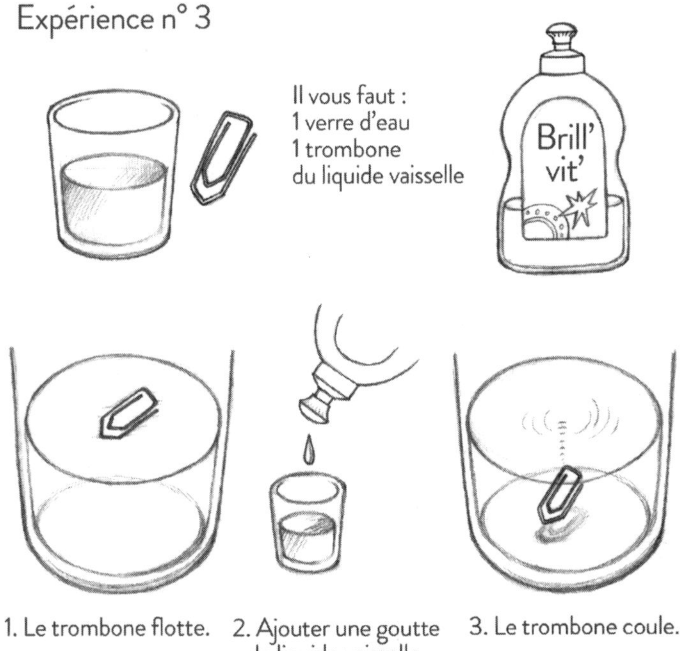

1. Le trombone flotte. 2. Ajouter une goutte de liquide vaisselle. 3. Le trombone coule.

Mais avant tout, l'eau est un solvant très important. Les substances vitales comme les sels et les nutriments sont dissoutes dans l'eau. L'être humain lui-même est composé en grande partie d'eau, et toutes les réactions métaboliques de notre corps se déroulent en milieu aqueux. Nos reins, les filtres de notre corps, utilisent de l'eau pour évacuer les déchets sous forme d'urine. Quand elle ne sert pas de moyen de transport ou de solvant, l'eau est un réactif actif qui s'incorpore à d'autres substances et se transforme. Enfin, on a déjà parlé du rôle rafraîchissant de la sueur au chapitre 9.

Pourtant, on dirait que tout cela ne suffit pas à fasciner les gens. Peu après la *Smart Water*, je découvre un rayon d'« eau à l'oxygène » – de l'eau minérale enrichie en oxygène. Prétendument recommandée pour les sportifs. Voilà qui semble évident, puisque le taux d'oxygène dans le sang joue un rôle important dans nos performances sportives. C'est pour cela que l'EPO (l'abréviation d'érythropoïétine) est un produit dopant si apprécié des pratiquants de sports d'endurance, car cette substance augmente le nombre de globules rouges. Plus le sang contient de globules rouges, plus il peut transporter d'oxygène vers les muscles. L'eau à l'oxygène serait-elle une sorte de dopage doux légal ?

Heureusement (ou malheureusement ?), on ne peut pas dire cela. D'une part, même quand on respire de l'oxygène pur, on ne peut absorber que 5 à 10 % d'oxygène supplémentaire, parce que notre sang ne peut pas en retenir plus (sauf si on prend de l'EPO, naturellement). D'ailleurs, il ne faut pas respirer d'oxygène pur : au bout d'une ou deux heures, cela devient dangereux parce qu'il contient une proportion réduite mais sournoise de radicaux oxygène qui peuvent agresser les poumons. Alors, il vaut peut-être mieux boire de l'oxygène dissous ?

Cela nous amène au second problème : l'oxygène n'est pas vraiment soluble dans l'eau. La solubilité d'un gaz dans l'eau dépend avant tout de la pression. Sous forte pression, le gaz se dissout mieux dans l'eau : c'est pour cela que les eaux gazeuses sont généralement mises en bouteille sous pression, afin qu'un maximum de CO_2 soit dissous dans l'eau. On s'en rend compte quand on ouvre la bouteille : la pression baisse brutalement, et un nuage de CO_2 s'échappe directement. Il se passe la même chose avec l'oxygène dissous, sauf qu'il est encore moins soluble dans l'eau que le CO_2. En conséquence, une grande inspiration d'air frais nous apporte autant d'oxygène qu'une bouteille d'un litre de cette eau enrichie.

Et pour terminer, nous avons un dernier problème : notre système digestif n'est pas fait pour les échanges gazeux. Il vaut mieux laisser les poumons s'occuper de notre approvisionnement en oxygène, ils sont faits pour cela. Quand nous respirons de l'oxygène, le gaz passe de nos poumons à notre sang. On ne peut pas dire la même chose de notre estomac et de nos intestins. Seule une infime partie des gaz que nous absorbons avec des boissons parvient jusqu'à notre sang, le reste est évacué sans élégance : si vous avez envie de faire des rots enrichis en oxygène, n'hésitez pas, buvez de l'eau à l'oxygène.

Pour en avoir le cœur net, on a même mené des expériences : est-ce que la consommation d'eau à l'oxygène entraîne une amélioration mesurable des performances ? On n'a constaté aucun signe d'un quelconque effet. Cependant, il ne faut pas négliger l'effet placebo : le simple fait de croire qu'une eau est bonne pour la santé peut être bon pour la santé. Cela dit

– toutes mes excuses pour les explications –, l'effet placebo ne devrait maintenant plus avoir aucun effet sur vous. En contrepartie, vous éviterez de dépenser votre argent pour des eaux bizarres qui ne sont guère plus que des gadgets marketing.

Les mythes qui tournent autour de l'eau sont nombreux. Par exemple, une crainte reste largement ancrée : l'eau gazeuse pourrait être dangereuse parce qu'elle contient de l'acide carbonique. Comme son nom l'indique, l'acide carbonique est un acide. Alors que le pH de l'eau plate est pratiquement neutre, juste en dessous de 7, celui des eaux gazeuses peut descendre jusqu'à 5. D'une part, cela a un léger effet antibactérien – on se souviendra des conservateurs acides du chapitre 5. Un pH acide gêne la multiplication des micro-organismes. Mais notre système digestif ne se laisse pas impressionner par un pH de 5, nous absorbons chaque jour de nombreux aliments acides : les fruits, le café, le chocolat ou les produits laitiers contiennent des acides. Arrivés à l'estomac, ces aliments rencontrent notre acide gastrique qui, avec son pH de 1, est tellement acide que l'eau la plus gazeuse le laisse complètement indifférent. De ce point de vue, peu importe que nous buvions de l'eau légèrement acide ou pas. C'est particulièrement vrai pour l'acide carbonique. En effet, dès que le CO_2 est sorti, par exemple sous la forme d'un rot poli après avoir bu un verre, il n'y a plus d'acide. Après tout, l'acide carbonique n'est rien d'autre que du CO_2 dissous dans l'eau.

En 2017, des chercheurs palestiniens ont fait les grands titres en affirmant que l'eau minérale contenant de l'acide carbonique ou du CO_2 ouvrait l'appétit. La pression exercée dans l'estomac activerait l'hormone de la faim, la ghréline. En Allemagne, pays de la « *Sprudelwasser* », le message a fait l'effet d'une bombe, bien sûr. À elle seule, cette étude ne me convainc pas. D'abord, il s'agissait seulement d'une étude menée sur des rats. Ensuite, il n'y a pas que la ghréline qui joue un rôle dans la régulation de l'appétit. D'autres hormones et facteurs interviennent. C'est un indice intéressant, mais c'est loin d'être une preuve que l'eau gazeuse donne vraiment faim.

Cependant, certaines personnes ont intérêt à se contenter d'eau plate. Ce qui rend l'eau gazeuse si rafraîchissante, ce n'est pas seulement son goût pétillant et acidulé, mais aussi les bulles de CO_2 qui éclatent contre notre palais. Le CO_2 gazeux agite notre estomac et nous fait roter. Pour les personnes qui souffrent de brûlures d'estomac, de ballonnements ou de problèmes de vidange gastrique, il vaut mieux éviter de trop remplir l'estomac de gaz.

Pour conclure, on peut dire que plate ou gazeuse, l'essentiel est que l'eau doit être potable et qu'il faut en boire suffisamment. Si l'eau de lune énergétique vous détourne des sodas, tant mieux. Au pire, c'est votre porte-monnaie qui en souffrira. Personnellement, je ne peux que recommander la bonne eau du robinet allemande, celle que je bois à la maison.

Je quitte le rayon des boissons et me dirige vers celui des sucreries. C'est clair, les aliments sucrés sont fantastiques. Je n'y renoncerais pas volontiers, mais je préfère manger du chocolat (et j'ai meilleure conscience) plutôt que boire du cola. Les boissons sucrées sont très perfides, parce qu'elles apportent des « calories vides ». On absorbe des calories sans aucun nutriment et sans ressentir la satiété. Les plus dangereux sont probablement les smoothies tout prêts qu'on trouve de nos jours dans toutes les grandes surfaces : on a facilement l'impression de se faire du bien, donc on en boit encore plus. Pourtant, la plupart des smoothies contiennent autant de sucre qu'un cola, parfois même plus. Regardez la liste des ingrédients la prochaine fois que vous irez au supermarché et comparez avec le Coca, qui contient environ onze grammes de sucre aux 100 ml.

Les smoothies ont l'air sains parce qu'ils contiennent « 100 % de véritables fruits ». Malheureusement, ce ne sont pas de véritables fruits. Pour que les smoothies soient particulièrement « *smooth* », doux et lisses, on pèle les fruits et on y ajoute du jus. Leur teneur en sucre est donc supérieure à celle des fruits, qui contiennent aussi beaucoup de fibres. On peut sans problème boire de grandes quantités de smoothies, mais on aurait le ventre plein bien avant d'avoir mangé la quantité équivalente de fruits.

Reste une chose très intéressante : même quand on mixe des fruits entiers pour se faire un smoothie maison, c'est moins satisfaisant que de les manger – en tout cas, c'est ce que dit la science. La consistance de notre nourriture a un effet sur notre sensation de satiété ; une alimentation liquide donne moins l'impression d'être rassasié que les aliments solides. C'est donc la conscience parfaitement tranquille que j'attrape trois tablettes de chocolat bien solide avant de me diriger vers la caisse.

11

THÉRAPIE CULINAIRE

Liste des ingrédients

- 230 g de chocolat noir
- 120 g de beurre
- 50 g de farine
- 4 œufs moyens
- 80 g de sucre
- 1 cuil. café extrait de vanille
- 1 pincée de sel
- 1-2 cuil. café d'expresso serré

On sonne à la porte et je sursaute. Je n'attendais pourtant pas de livreur ? Christine et le dino ne doivent arriver que dans une heure. Un peu plus tard, même, car Christine arrive systématiquement en retard aux rendez-vous privés. Pendant quelques secondes, je me fige, comme paralysée par la peur, avant de me souvenir que je suis adulte et d'aller ouvrir la porte.

Cette phobie des sonnettes remonte au début de mes études. Mon premier colocataire m'avait donné un conseil vital : ne jamais – JAMAIS – ouvrir la porte ! Nos amis ne venaient jamais à l'improviste et on ne connaissait pas les voisins. À l'époque, Amazon et compagnie n'existaient pas. La sonnette ne pouvait signifier qu'une mauvaise nouvelle, que ce soient les témoins de Jehovah ou pire, le percepteur de la redevance audiovisuelle ! Si j'avais su que je finirais par travailler pour la télévision publique…

J'ouvre la porte et vois, à mon grand étonnement, Christine.

– Je n'arriverai plus à rien au travail, aujourd'hui, déclare-t-elle.

– Thérapie culinaire ?

– Thérapie culinaire ! répond-elle en levant les bras au ciel.

Quand nous étions frustrées par notre travail de doctorat, ce qui arrivait souvent, Christine venait chez moi et nous nous cuisinions un menu entrée-plat-dessert pour évacuer toute cette frustration. De la thérapie culinaire. Il y a longtemps que nous n'avons pas cuisiné ensemble, et je suis tellement contente que je sers directement un verre de vin à Christine. Il faut bien fêter cela.

– Où est le dino ?

– Il arrive, il a encore une réaction en cours.

Christine avale une gorgée, mais elle a visiblement des scrupules parce que le dino travaille encore pendant qu'elle boit du vin. Pourtant, c'est la première fois depuis un bon mois qu'elle quitte le labo avant 20 heures. La recherche exige une sérieuse résistance à la frustration. Parfois, on travaille sur une hypothèse pendant des semaines, voire des mois, pour finir par constater au détour d'une expérience anodine que toutes nos suppositions étaient fausses dès le départ et que tout ce travail n'a servi à rien. Les données peuvent être sans pitié. Nous commettons tous des erreurs, et nous en sommes conscients, mais quand l'échec te saute aux yeux sous la forme de chiffres et de mesures, il est particulièrement décourageant (je m'imagine souvent que cela forme le caractère ; malheureusement, des personnes comme King K prouvent le contraire). En outre, les recherches durent très longtemps, ce qui exige un savant mélange de patience et d'obstination. On peut mettre des années à accomplir un progrès observable, même si on a sué sang et eau – et neurones – pendant tout ce temps. C'est pour cela que Christine et moi adorons cuisiner : c'est comme travailler au labo, mais en plus satisfaisant, parce qu'on obtient très rapidement le résultat final, et en plus, on peut le manger. Il n'y a rien de mieux.

– C'est quoi, le plan ? demande Christine.

– Fondant au chocolat pour le dessert, pour le reste rien n'est encore décidé. Tu peux regarder ce qu'il y a dans le frigo.

La plupart du temps, nous ne suivons aucune recette, et c'est un véritable plaisir. Alors qu'au labo, tout doit être précis au microgramme près, à la cuisine, nous pouvons faire selon nos envies, et c'est toujours réussi. Enfin, en général. Cela peut être incroyablement libérateur pour les chimistes. Naturellement, des connaissances de base en chimie sont bien utiles pour ne pas faire n'importe quoi. Depuis toujours, j'associe la chimie et la bonne cuisine.

Cuisiner est une chose, faire de la pâtisserie en est une autre, d'un point de vue chimique. Quand les gens disent qu'ils aiment bien cuisiner, mais pas faire des gâteaux, c'est peut-être parce que la pâtisserie ne laisse pas autant de place à l'improvisation. En fait, la pâtisserie, c'est de la chimie pure. Même si on essaie de se passer de recette, il faut avoir au minimum une certaine expérience ou bien quelques connaissances pour que cela fonctionne. En cuisine, on risque de se louper dans l'assaisonnement, de cuire trop peu ou trop longtemps. En pâtisserie, tout cela peut mener au désastre : le gâteau s'écroule, ou bien la pâte s'étale complètement sur la plaque de cuisson…

Christine et moi connaissons les règles de base, mais pour la pâtisserie, nous partons généralement d'une recette que nous optimisons au fil du temps jusqu'à ce que nous ayons mis au point notre version personnelle.

Pendant que nous préparons ce festin, j'aimerais profiter du fondant au chocolat pour vous présenter la chimie fascinante de la pâtisserie. Cela vous servira pour vos prochains gâteaux. En plus, vous aurez la recette de mon fondant au chocolat personnel.

Le fondant au chocolat est un petit gâteau au chocolat avec un cœur liquide, qui se mange chaud. À mon avis, c'est l'un des meilleurs desserts au monde, d'autant plus qu'il est très simple à préparer. La recette commence par l'un des ingrédients les plus divins de cette planète : le chocolat ! Il en faut 230 g, de préférence bien noir, c'est-à-dire avec 45 à 60 % de cacao. J'aime quand il y a beaucoup de cacao : il contient des molécules tout à fait fascinantes, par exemple de la théobromine. La théobromine ressemble beaucoup à la caféine :

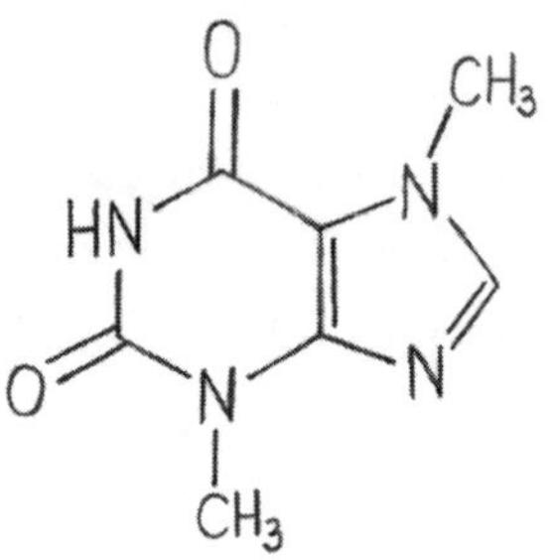

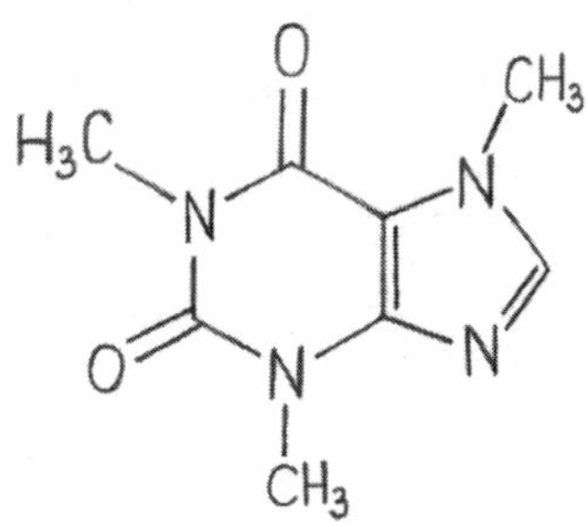

théobromine

caféine

D'ailleurs, elle fonctionne presque comme la caféine (souvenez-vous du chapitre 7, avec l'adénosine et son « parking de récepteurs »). La théobromine aussi entre en concurrence avec l'adénosine pour occuper les places. Certains aiment tellement le chocolat que l'euphorie leur donne des ailes, mais malgré la ressemblance frappante de sa structure chimique, la théobromine est un stimulant bien moins puissant que la caféine. Elle n'entre pas aussi bien dans le récepteur, et ne peut donc pas déloger la molécule d'adénosine aussi agressivement. Avec les concentrations de théobromine que nous absorbons, aucun risque d'avoir du mal à s'endormir à cause du chocolat du soir.

Pourtant, comme la caféine, la théobromine est toxique à partir d'une certaine quantité (c'est la dose qui fait le poison). Heureusement pour nous, il faudrait absorber des quantités incroyables de chocolat pour souffrir d'une surdose dangereuse de théobromine. Nous serions malades d'indigestion ou simplement écœurés bien avant d'en arriver là. Les choses sont différentes chez les chiens : pour eux, la dose mortelle de théobromine est bien plus faible, principalement parce qu'ils métabolisent cette molécule beaucoup plus lentement. Alors que notre corps se dépêche de transformer la théobromine potentiellement toxique en d'autres molécules inoffensives, les choses ne sont pas aussi rapides chez les chiens, de sorte que la théobromine s'accumule dans leur organisme en provoquant tachycardie, crampes musculaires, nausées et vomissements… jusqu'à la mort. Conclusion, si votre chien vous regarde déguster une barre de chocolat avec un regard plein d'envie, ne vous laissez pas attendrir !

Si on connaît bien l'interdiction du chocolat pour les chiens, on sait moins qu'elle est également valable pour les chats. Ceux-ci ont toutefois un avantage sur les chiens et sur presque tous les mammifères : ils n'ont pas le goût du sucre.

Les protéines qui tapissent leurs papilles gustatives sont tellement différentes que les chats sont incapables de percevoir le sucre et les glucides, et leur cerveau ne reçoit donc pas les signaux correspondants. C'est pour cela qu'un chat ne vous fera pas les yeux doux pour une barre de chocolat, parce qu'il ne comprend pas quel délice elle contient. Ce n'est pas une raison pour laisser son stock de chocolat à portée des félins : leur curiosité est légendaire, comme en témoignent de nombreuses vidéos sur YouTube.

Nous pouvons nous réjouir de supporter aussi bien la théobromine, parce que même si le chocolat contient avant tout du sucre et des graisses, c'est leur combinaison avec le cacao qui en fait une gourmandise aussi irrésistible.

Je fais fondre le chocolat au bain-marie. Certains pâtissiers rusés le mettent au four micro-ondes, mais il n'y a rien de plus agréable que de regarder du chocolat fondre tout en le remuant (et quel parfum !). L'avantage du bain-marie, c'est que, quelle que soit la température de la plaque chauffante, l'eau ne peut pas dépasser sa température d'ébullition, c'est-à-dire 100 °C au maximum. On évite ainsi de surchauffer le chocolat et d'obtenir une désagréable mixture de grumeaux peu appétissante.

C'est quand on le surchauffe qu'on peut constater que le chocolat est composé d'ingrédients qui n'ont rien à faire ensemble : du sucre et de la graisse. En effet, le sucre est hydrophile et polaire, tandis que la graisse est hydrophobe et apolaire. Pour obtenir un mélange homogène, on utilise des lécithines, une famille de tensioactifs généralement extraits du soja. Comme les tensioactifs de notre shampooing, les lécithines sont des molécules amphiphiles qui ont un effet émulsifiant. Elles se placent à l'interface entre le sucre et la graisse, et stabilisent le mélange. Si on surchauffe le chocolat, les lécithines ne parviennent plus à accomplir leur mission, et c'est la catastrophe : on se retrouve avec des grumeaux de graisse de cacao et de lait d'un côté, et des grumeaux de sucre et de particules de cacao de l'autre.

Le bain-marie présente toutefois un danger : il ne faut pas que l'eau entre en contact avec le chocolat fondu. En général, on évite de la faire bouillir, pour ne pas projeter par inadvertance des gouttelettes dans la casserole de chocolat. Un bain-marie chaud suffit : après tout, le chocolat fond dans la bouche, à la température de notre corps. Si de l'eau tombe dans le chocolat en train de fondre, on fait entrer en lice un joueur particulièrement hydrophile qui va bouleverser le jeu. L'eau et le sucre s'attirent immédiatement. Tout le monde a déjà vu les gros morceaux qui se forment dans un paquet de sucre en poudre à la moindre trace d'humidité. Il se passe un peu la même chose dans le chocolat, la moindre goutte d'eau provoque des grumeaux dont il est difficile de se débarrasser.

Mais mon chocolat ne va pas fondre tout seul : j'y ajoute 120 g de beurre. Oh, la belle graisse (que dire… Je suis lipophile) ! Je trouve intéressante la manière dont on parle le plus souvent des graisses et des huiles : « acides gras saturés », « acides gras insaturés », « acides gras trans », « oméga 3 »… On entend rarement autant de vocabulaire chimique au quotidien. C'est très joli, mais je crains que malgré cet usage régulier, on ne comprenne pas toujours ce que signifient *vraiment* ces différents termes. Alors, que diriez-vous d'une petite leçon de chimie du gras ?

On l'a vu pour la saponification : les graisses et les huiles se composent de triglycérides, un assemblage de trois acides gras. Les acides gras sont des molécules à longue chaîne, plus exactement de longues chaînes d'atomes de carbone. Chaque liaison C-C contient de l'énergie que le corps peut extraire dans le cadre du métabolisme. Ce sont donc les nutriments les plus énergétiques. « Fantastique ! » se dit notre corps qui est resté à l'époque des chasseurs-cueilleurs préhistoriques. Nous aimons le gras parce que cela nous pousse à engloutir cette précieuse source d'énergie dès que nous la voyons. Malheureusement, de nos jours, on en trouve à tous les coins de rue, et ce précieux carburant devient alors un luxe malsain.

Cependant, toutes les graisses ne sont pas identiques : les acides gras insaturés sont bons, les acides gras saturés sont mauvais ! C'est ce qu'on dit, du moins. Est-ce que c'est vrai, et pour commencer, quelle est la différence entre les acides gras insaturés et saturés ?

Chaque atome de carbone peut former quatre liaisons. Au sein d'une chaîne d'acide gras, chaque atome C est lié à deux autres atomes C ; il reste donc de la place pour deux liaisons. Si, à chaque atome C, on accroche deux atomes d'hydrogène H, on obtient un acide gras saturé – pour « saturé d'hydrogène ».

Les acides gras insaturés, eux, contiennent des liaisons doubles C=C. Pour chaque liaison double, il faut éjecter deux atomes H. Chaque atome de carbone d'une double liaison n'a donc qu'un seul atome H, d'où le terme « insaturé ».

Ensuite, on distingue les acides gras mono-insaturés des acides gras polyinsaturés. Tout dépend du nombre de liaisons doubles. Une liaison double : mono-insaturé ; plusieurs liaisons doubles : polyinsaturé.

Vous l'avez probablement déjà remarqué, il va falloir un peu de concentration pour lire la suite, parce que la chimie des corps gras n'utilise pas le vocabulaire le plus heureux. On confond facilement « saturé » et « insaturé » quand on lit vite, cela m'arrive souvent.

En plus, on a tendance à associer automatiquement le préfixe « in » de « insaturé » à quelque chose qui manque. Certes, il manque des atomes d'hydrogène dans les acides gras insaturés. Mais ce n'est pas si gênant. En fait, tout tourne autour de la présence des liaisons doubles. Ou plus exactement, rien ne tourne autour d'une liaison double.

Pour bien comprendre ce que je veux dire, vous pouvez utiliser quelques tomates cerises et des cure-dents en bois. Si vous reliez deux tomates par un cure-dents, vous avez une liaison simple. Vous pouvez sans problème faire tourner les tomates dans un sens différent, parce qu'une liaison simple est mobile. Mais si vous reliez les tomates par deux cure-dents parallèles, vous obtenez un modèle de liaison double. Cette liaison est rigide, vous ne pouvez plus faire tourner les tomates en sens inverse sans les abîmer.

Expérience n° 4

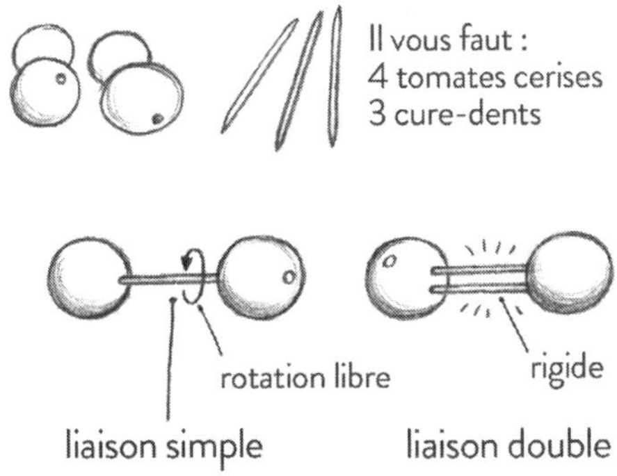

Quelle conséquence ? Une liaison double est une articulation rigide. Dans les acides gras insaturés, elle forme généralement un « coude ».

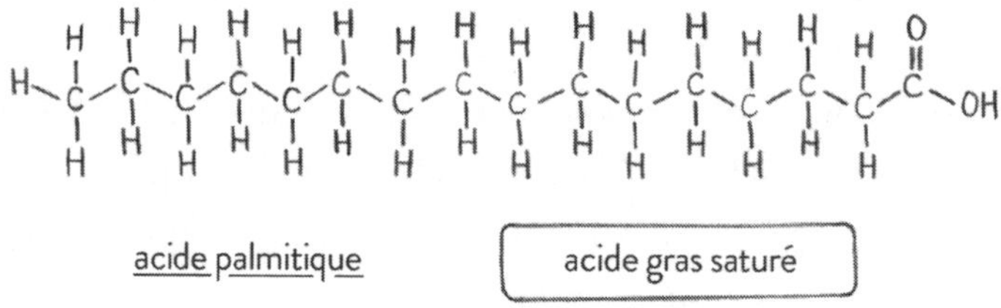

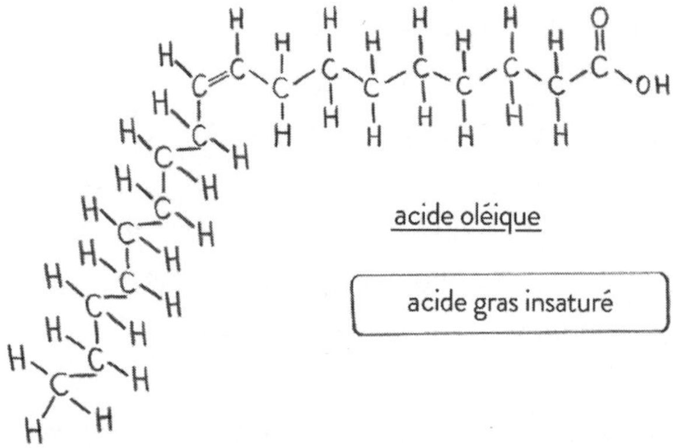

Ce coude dans la structure moléculaire fait une différence visible pour les propriétés physiques de la molécule. Les acides gras saturés, sans coude, ont tendance à donner des graisses plutôt solides, tandis que les acides gras insaturés, avec un coude, donnent des graisses plutôt liquides. On peut s'imaginer que les acides gras saturés s'empilent plus facilement et forment donc plus facilement une structure solide. Les acides gras insaturés, eux, sont plus encombrants et s'empilent moins facilement, ce qui fait qu'ils sont plus souvent liquides.

L'état de la matière nous indique donc à quel type d'acide gras nous avons affaire. Cependant, la transition entre solide et liquide n'est pas nette, parce que les acides gras saturés et insaturés sont souvent mélangés – comme dans le chocolat, par exemple, mais avant d'y revenir, une dernière précision : les acides gras insaturés n'ont pas forcément un coude. Quand on a une liaison double au milieu d'une chaîne C, il y a deux possibilités : avec coude (cis), ou sans coude (trans).

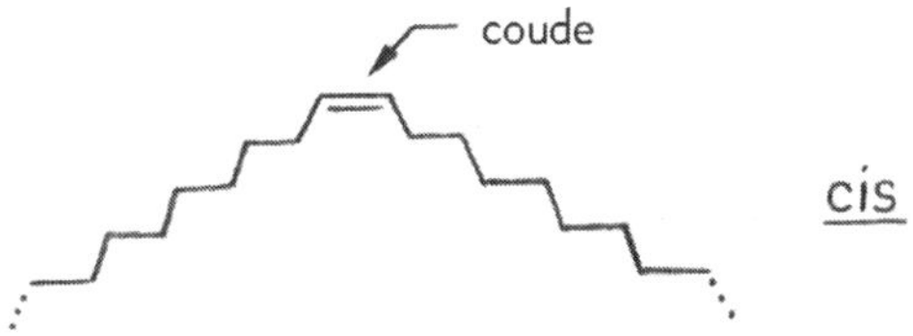

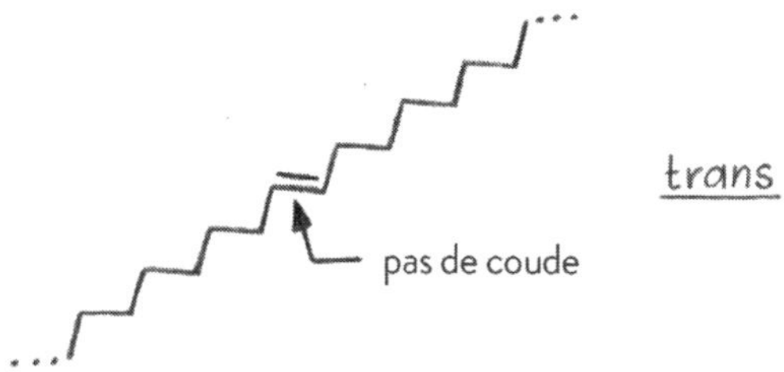

Toutefois, notre alimentation naturelle contient presque exclusivement des acides gras cis, avec un coude. Les acides gras trans sont présents en faible quantité dans les graisses animales, plus précisément celles des ruminants. Par exemple, les matières grasses du lait contiennent entre 1 et 6 % d'acides gras trans. Au quotidien, quand nous parlons des acides gras insaturés, il est donc question des acides gras cis. Pour parler des acides gras trans, en revanche, nous utilisons leur nom complet : c'est parce qu'ils posent tellement de problèmes.

Les acides gras trans sont considérés comme les plus néfastes pour la santé : ils ne devraient pas constituer plus de 1 % de notre apport total en énergie.

Malheureusement, on s'en est aperçu relativement tard. Au début, cela ne dérangeait personne que l'hydrogénation des graisses produise de grandes quantités d'acides gras trans, et celles-ci restaient simplement dans le produit fini. L'hydrogénation, comme son nom le laisse deviner, consiste à faire réagir des acides gras cis avec de l'hydrogène. L'hydrogène s'approche des liaisons doubles et réussit à convaincre les atomes de carbone – notamment à l'aide de chaleur et de pression – de renoncer à leurs liaisons doubles pour l'accueillir dans la chaîne. L'opération sature donc des acides gras insaturés.

Lorsque le chimiste allemand Wilhelm Normann a mis ce procédé au point en 1901, cela a d'abord été très utile. On a ainsi pu prendre des huiles végétales bon marché pour en faire des graisses solides, comme la margarine ou la graisse à frire. Les matières grasses hydrogénées sont également utilisées pour fabriquer du savon (voir au chapitre 3). Cependant, il se passe autre chose pendant la réaction : certaines liaisons doubles cis se transforment en liaisons doubles trans – certains coudes sont redressés. L'hydrogénation artificielle produit ainsi des acides gras trans. Le plus ironique, c'est qu'on a longtemps pensé que les acides gras trans fabriqués à partir de graisses végétales étaient meilleurs pour la santé que les graisses animales. Le cœur lourd, des gastronomes soucieux de leur santé ont troqué le beurre contre la margarine.

Puis il y a eu la recherche. Sans révélation brutale ni coup de tonnerre ; mais peu à peu, les résultats se sont accumulés, indiquant que non seulement les graisses trans n'étaient pas meilleures, mais qu'elles étaient néfastes pour le système cardiovasculaire et les vaisseaux sanguins. De graisses à la mode, elles sont devenues un fléau à fuir. L'Organisation mondiale de la santé (OMS) a fixé l'objectif : « Éliminer les acides gras trans d'ici 2023 ! » Les avertissements ont été efficaces : aujourd'hui, les acides gras trans ont tellement mauvaise réputation que de nombreux producteurs alimentaires ont volontairement abandonné leur utilisation ou réduit leur teneur au minimum. En Allemagne, le *Bundesinstitut für Risikobewertung* (Institut fédéral d'évaluation des risques) estime désormais que l'apport en acides gras trans dans le pays est sans danger.

Bon. Les acides gras trans sont mauvais pour la santé. Mais qu'en est-il des acides gras saturés et des acides gras insaturés (cis) ? Il existe de nombreuses études sur le sujet. Cependant, les études alimentaires sont un domaine compliqué, prédestiné aux résultats contradictoires. Revenons au chapitre 5 et aux essais randomisés contrôlés : on comprend vite que de tels essais cliniques sont le plus souvent irréalisables dans la recherche sur l'alimentation. On peut facilement répartir des souris de laboratoire en groupe de test et groupe de contrôle, et les animaux sont automatiquement « en aveugle ». Chez les humains, en revanche, on peut rarement mener des études en aveugle, car les gens savent parfaitement ce qu'ils sont en train de manger. Mais ce n'est pas le plus gros problème : avec les animaux, on peut facilement contrôler avec précision ce qu'ils mangent et même quelle activité physique ils ont, sur une longue période. Essayez de faire la même chose avec un groupe d'humains. Bonne chance !

Néanmoins, on dispose de preuves suffisamment convaincantes sur un certain nombre de points. Par exemple, il est recommandé de remplacer les acides gras saturés par des acides gras polyinsaturés. Cela dit, les experts ne sont pas unanimes sur la validité de la règle « plus il y a de liaisons doubles, mieux c'est », c'est-à-dire si les acides gras polyinsaturés sont automatiquement meilleurs pour la santé que les acides gras mono-insaturés.

Les seuls acides gras qui méritent d'occuper le haut du panier sont les oméga 3 et les oméga 6. « Oméga 3 » désigne des acides gras qui possèdent une double liaison au niveau du troisième atome de carbone (d'où le 3) en partant de la fin de la chaîne (d'où le « oméga », dernière lettre de l'alphabet grec). Pour les oméga 6, c'est la même chose, mais au niveau du sixième atome de carbone en partant de la fin.

L'acide linoléique (oméga 6) et l'acide alpha-linolénique (oméga 3) font partie de ce qu'on appelle les acides gras essentiels. Cela signifie qu'ils nous sont indispensables, mais notre corps n'est pas capable de les fabriquer lui-même. Nous *devons* donc les trouver dans notre alimentation. Ils sont présents dans diverses huiles végétales et dans les poissons. Mais ce n'est pas la peine de paniquer et de vous jeter sur l'huile de colza ! La dose recommandée est de 250 mg par jour. Tout ce que vous absorbez en plus, c'est pour le plaisir.

En principe, il ne faut ni diaboliser, ni vénérer les graisses. Elles ne doivent pas constituer plus de 30 à 35 % de nos apports énergétiques totaux, mais il en faut au moins 10 % pour avoir assez de calories et surtout assez d'acides gras essentiels. De plus, certaines vitamines sont très hydrophobes et s'entendent beaucoup mieux avec le gras qu'avec l'eau.

C'est donc, comme toujours ou presque, une question d'équilibre. Par exemple, on ne mangera pas tous les jours un fondant au chocolat contenant 230 g de chocolat et 120 g de beurre. Mais les bonnes choses me rendent heureuse, et ce n'est pas à négliger. Parfois, on se concentre trop sur la santé physique, il ne faut pas oublier la santé mentale. Donc, revenons à notre chocolat !

Selon les marques, le chocolat noir contient de 30 à 35 % de graisse, qui provient notamment des fèves de cacao. Cette graisse de cacao, également appelée beurre de cacao, est un mélange complexe de différents acides gras, dont les trois principaux sont l'acide oléique (insaturé), l'acide palmitique (saturé) et l'acide stéarique (saturé). Ce mélange a la merveilleuse propriété d'être solide à température ambiante, mais de fondre à la température de notre corps, c'est-à-dire dans notre bouche. Le chocolat contient également des matières grasses laitières : plus il est clair, plus il contient de lait. Ces matières grasses sont également un mélange complexe d'acides gras saturés et insaturés, mais leur température de fusion est plus basse que celle du beurre de cacao. Vous aviez peut-être déjà remarqué que le chocolat au lait était plus crémeux, plus « fondant » que le chocolat noir.

Ces matières grasses laitières sont aussi celles qui forment le beurre classique. Pour avoir le droit de s'appeler beurre, il doit contenir au moins 80 % de matières grasses laitières. J'en ajoute donc une généreuse portion dans la préparation de mon fondant. Non seulement c'est génial pour le goût, mais cela sert aussi à abaisser le point de fusion du mélange et facilite l'obtention du résultat final, à savoir le cœur fondant.

Mais le beurre contient aussi jusqu'à 16 % d'eau, ce qui joue un rôle important dans la préparation. Contrairement à l'eau de mon bain-marie, celle du beurre est déjà en émulsion, c'est-à-dire bien mélangée aux matières grasses. Ainsi, elle ne forme pas de grumeaux quand je l'ajoute au chocolat. Et plus tard, dans le four, l'eau liquide va se transformer en vapeur d'eau, son volume se multipliera et aidera la pâte à lever. Comme nous considérons souvent les gaz comme *rien* et que nous ne pouvons pas directement sentir le goût des trous du gâteau, ils ne comptent pas comme ingrédient, mais en fait, tous les états de la matière participent au goût final d'une pâtisserie. La formation de gaz est toujours très importante en pâtisserie. En général, on utilise soit de la poudre à lever, soit du bicarbonate de soude, qui se décompose en CO_2 dans le four et fait gonfler les gâteaux.

Pendant que le chocolat et le beurre forment une appétissante ganache dans le bain-marie, je prends un petit bol et j'y mélange une pincée de sel avec 50 g de farine. Dans la plupart des recettes, on mélange d'abord les ingrédients secs avant d'y ajouter les ingrédients liquides. Il y a une bonne raison à cela : la farine contient une protéine très sensible à l'eau, le gluten. Pendant longtemps, le gluten est resté méconnu, mais ces dernières années il attire de plus en plus l'attention, dans un sens négatif. Un nombre grandissant de personnes ne supportent pas le gluten ou bien se sentent mieux quand elles y renoncent. Les scientifiques restent perplexes face à ce phénomène, parce que la plupart de ces personnes ne souffrent ni de maladie cœliaque, une intolérance génétique au gluten, ni d'allergie au blé. Les experts ne sont pas d'accord et avancent diverses explications, notamment celle de l'effet nocebo.

Une chose est sûre : le gluten joue un rôle important dans la préparation de pâtisseries. Son nom est formé à partir du mot « glu », tout est dit. En fait, le gluten est composé de deux protéines ou classes de protéines différentes, les gliadines et les gluténines. Lorsque la farine entre en contact avec l'eau, les deux protéines s'assemblent pour former une structure tridimensionnelle collante, le gluten. C'est elle qui donne au pain et aux nouilles leur consistance élastique – « *chewy* », diraient les Américains.

Il faut donc faire très attention au moment où on met en contact la farine et l'eau, parce que le mélange se met à coller immédiatement. Dès que le gluten s'active et fait coller la pâte, il devient difficile d'y mélanger d'autres ingrédients secs comme le sucre ou la levure. Pour obtenir un mélange homogène, il est donc recommandé de mélanger au préalable tous les ingrédients secs. Si le pain doit avoir une certaine « *chewiness* », on n'a pas forcément envie que ce soit le cas d'un gâteau comme le fondant au chocolat. C'est pour cela que je mets très peu de farine, pour que l'intérieur reste assez liquide.

Entre-temps, mon mélange chocolat-beurre a fini de fondre et je l'enlève du feu pour le laisser refroidir. L'étape suivante est une variation de la pâte habituelle. Normalement, on peut ajouter directement les œufs à la farine et mélanger. Personnellement, je préfère d'abord battre les œufs – quatre œufs de taille moyenne – au mixer dans une grande jatte jusqu'à ce qu'ils soient mousseux. J'y ajoute 80 g de sucre petit à petit. Certes, le sucre est aussi un ingrédient sec, et on pourrait normalement le mélanger à la farine. Vous pouvez essayer, cela rend la pâte un peu plus dense et un peu moins aérée (ce qui peut aussi avoir son intérêt). Mais je trouve que le sucre est plus efficace pour battre les œufs, parce que les cristaux agissent comme de minuscules lames qui se frayent un chemin à travers la masse d'œuf.

Les œufs contiennent beaucoup de protéines, qui sont essentielles pour la pâtisserie. On peut se représenter les protéines comme des molécules à longue chaîne, un peu comme les graisses. Mais ces chaînes ont une composition chimique plus complexe, elles sont bâties à partir d'acides aminés. Elles sont aussi bien plus longues que celles des acides gras, tellement longues qu'elles se replient et s'embobinent en grandes structures tridimensionnelles. De l'extérieur, une protéine ressemble plus à une bille ou à n'importe quelle autre structure en trois dimensions qu'à une chaîne.

Ce matin, quand j'ai fait cuire mon œuf au plat, on a déjà vu ce qui se passe quand on chauffe les protéines : elles durcissent. La chaleur déroule et déplie les protéines, c'est ce qu'on appelle la dénaturation. Les longues chaînes s'emmêlent et s'entortillent les unes aux autres pour former une espèce de filet – l'œuf devient solide. Une fois qu'elles sont mélangées, l'opération est irréversible. On peut observer une version réduite de ce phénomène quand on met ses écouteurs de téléphone dans sa poche et qu'on en retire un enchevêtrement de fils presque inextricable et très frustrant.

Quand on bat des œufs, il se passe quelque chose de similaire, mais en moins violent. L'action physique du mixer débobine partiellement les protéines qui commencent à s'emmêler en une sorte de « dénaturation light ». Si on effectue l'opération avec les blancs d'œuf seuls, on obtient une neige solide. L'important, c'est l'air qui est emprisonné sous forme de minuscules bulles pendant le battage : plus la mousse est stable, plus le dessert sera aéré. Pour un soufflé au chocolat, la préparation des œufs en neige serait essentielle afin d'obtenir la consistance légère et nuageuse souhaitée. Aujourd'hui, j'opte pour une version « soufflé atténué ». Je veux un peu de légèreté, pour que le dessert ne soit pas trop compact, mais il me faut quelque chose de plus dense qu'un soufflé. C'est pour cela que je bats les œufs entiers, sans séparer les blancs des jaunes. On obtient une mousse moins aérée, car le jaune apporte une proportion notable de gras au mélange (encore du gras !), ce qui empêche les filaments de blanc de s'enchevêtrer.

Le jaune d'œuf est composé à 30 % de graisse environ. Grâce à elle, on ne peut pas *trop* battre les œufs entiers. Si on bat trop longtemps des blancs, qui sont composés presque exclusivement de protéines et d'eau, on risque de tout gâcher : la neige s'effondre parce que les protéines s'agglutinent en grumeaux et se séparent de l'eau. Avec l'œuf entier, on ne court aucun risque. Au final, le volume du mélange est multiplié (d'où la grande jatte), la mousse devient fine et prend un aspect lisse d'un jaune pâle satiné.

Dans le four, les protéines finiront de se dénaturer et de se solidifier. Quant à l'eau contenue dans l'œuf, elle a la même fonction que celle du beurre : faire lever le gâteau. Avec l'air incorporé dans la mousse des œufs battus, cela donnera une coque bien légère autour du cœur liquide.

Naturellement, le sucre ne fait pas que faciliter le battage des œufs. Le sucre est à la base de toutes les douceurs, mais il ne faut pas commettre l'erreur de le réduire à son seul goût sucré. Le sucre est également hygroscopique, c'est-à-dire qu'il attire et retient l'eau (ce qui explique ses propriétés conservatrices, dont nous avons parlé au chapitre 7). Dans un fondant au chocolat, qu'on déguste chaud avec son cœur liquide, cela ne joue pas un très grand rôle. Mais moins les gâteaux et les biscuits contiennent de sucre, plus ils sèchent vite. Si vous voulez réduire votre consommation de sucre et divisez la quantité par deux quand vous cuisinez, vous recevrez un gâteau sec en punition.

Le sucre est particulièrement important dans les glaces et surtout les sorbets. Ceux-ci contiennent non seulement beaucoup de sucre, mais aussi beaucoup d'eau dans laquelle le sucre se dissout. Comme avec toutes les substances solubles dans l'eau, la teneur en sucre modifie la température de fusion ou de congélation de la solution. C'est un phénomène qu'on peut observer quand on disperse du sel sur les routes en hiver. L'eau salée a un point de congélation plus bas que l'eau pure : à 0 °C, celle-ci gèle, tandis que la solution salée est encore liquide. Le salage des routes est donc très efficace contre le verglas, puisque la température doit descendre plus bas avant que l'eau se transforme en glace. Cet abaissement du point de congélation fonctionne également avec l'eau sucrée, ce qui a un impact direct sur la consistance des glaces et des sorbets. Plus la teneur en sucre est importante, plus la glace fond rapidement ; moins il y a de sucre, plus la glace est solide. Quand on fabrique soi-même sa glace, on ne peut donc pas choisir la quantité de sucre seulement en fonction de ses goûts. Il faut aussi trouver la bonne consistance, ni trop dure, ni trop molle.

Mon mélange chocolat-beurre a fini de refroidir, et j'y ajoute une cuillerée à café d'extrait de vanille. L'arôme suave de la vanille se marie merveilleusement bien aux notes plus amères du cacao. En général, on aime beaucoup le parfum de la vanille. On pourrait même penser que l'arôme de vanille est tellement omniprésent qu'il en est excessif. D'ailleurs, en anglais, *vanilla* est devenu un terme courant pour dire ordinaire, ennuyeux, voire prude. Pourtant, cet arôme n'est pas si ordinaire qu'il en a l'air.

J'ai acheté mon flacon d'extrait de vanille bio « pur gousse de vanille Bourbon » il y a quelques mois, un jour où j'étais d'humeur à me faire un cadeau, car c'est un produit atrocement cher. C'est parce que la culture des plants de vanille est incroyablement pénible. Au début, le vanillier – une espèce d'orchidée – ne poussait qu'en Amérique du Sud : c'est le seul continent où vit l'abeille *Melipona*, l'un des rares insectes pollinisateurs de la vanille. Ce n'est donc pas une plante facile à reproduire (de ce point de vue, le sens anglais « prude » lui convient assez bien). La vanille est donc longtemps restée une épice rare que seule une minorité pouvait apprécier.

Tout a changé en 1841 avec Edmond Albius, le fils d'une famille d'esclaves de la colonie française de la Réunion, petite île de l'océan Indien proche de Madagascar. À l'âge de 12 ans, le jeune garçon a découvert qu'on pouvait féconder la vanille à la main. La Réunion est rapidement devenue un grand exportateur de vanille, puis sa culture a aussi été introduite à Madagascar. C'est de là que provient aujourd'hui la majeure partie de la vanille naturelle, qui peut porter le nom de vanille Bourbon. Mais toute la production est loin de couvrir la demande mondiale : on fabrique chaque année 18 000 tonnes d'arôme de vanille, dont seulement 1 % provient de la plante. En effet, les méthodes de culture actuelles restent très proches du procédé d'Albius, il faut toujours féconder les plants à la main.

Cependant, dans les années 1970, on a trouvé comment fabriquer en laboratoire la molécule de vanilline, principale responsable du parfum de la vanille. Le sucre vanillé qu'on trouve en grande surface est le plus souvent du sucre ordinaire auquel on a ajouté une dose de vanilline, comme vous pourrez le constater en lisant la liste des ingrédients.

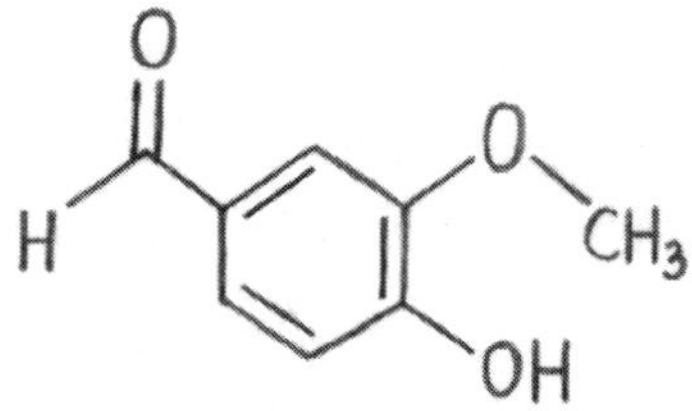

vanilline

Ces dernières années, la demande en arôme naturel de vanille a beaucoup augmenté, mais il n'y a tout simplement pas assez de vanilliers sur cette planète, notamment parce qu'en plus d'être pénibles à cultiver, ces plantes n'offrent pas de très gros rendements. Pour obtenir 1 kg de gousses de vanille, il faut féconder environ 600 fleurs à la main. Si vous tenez à utiliser de l'arôme naturel de vanille, vous devez être aussi bête que moi et payer une petite fortune pour en acheter. Cela dit, l'arôme naturel de vanille est plus complexe, parce que la véritable vanille Bourbon contient plus que de la vanilline. Mais la recette fonctionne aussi avec du sucre vanillé, elle ne risque pas de rater pour cela. Si vous refaites la recette à la maison, vous pouvez simplement remplacer 8 g de sucre par un sachet de sucre vanillé.

Voici une autre de mes astuces secrètes pour avoir l'arôme suprême de chocolat : une goutte d'expresso. Et avant de vous mettre à penser : « Beurk, je n'aime pas le goût du café dans le chocolat », rassurez-vous, cela n'aura pas le goût du café (moi non plus, je n'aime pas le chocolat au café). Non seulement la théobromine et la caféine sont très semblables, mais le chocolat et le café contiennent également des substances aromatiques similaires, allant de l'arôme de noisette un peu amer à des parfums fruités. Si vous avez du cacao amer en poudre dans votre placard, goûtez-en une pincée, vous pourrez constater que son goût rappelle un peu celui du café, en moins intense. Donc, si vous ajoutez une ou deux cuillerées à café d'expresso bien corsé à votre dessert au chocolat, que ce soit une mousse ou un gâteau, c'est presque comme si vous y mettiez de l'arôme concentré de cacao, mais – contrairement à la poudre de cacao – avec un *petit plus* intéressant.

J'incorpore maintenant aux œufs battus mon mélange refroidi de chocolat boosté à la vanille et à l'expresso. Par « refroidi », je ne veux pas forcément dire à température ambiante, mais juste assez tiède pour que les protéines des œufs ne soient pas dénaturées par la chaleur : le jaune se dénature dès 65 °C, le blanc à partir de 83 °C. Je ne mélange pas énergiquement : il faut que la préparation devienne homogène, mais en procédant délicatement pour éviter de faire éclater les bulles d'air que j'ai pris la peine d'intégrer en battant les œufs. Pour finir, j'incorpore la farine avec sa pincée de sel, là encore en mélangeant juste assez pour que la préparation soit homogène. On peut maintenant verser la pâte dans des moules à soufflé ou à muffins graissés. S'il en reste, elle se conserve au frigo, de préférence dans les moules, pour en profiter le lendemain.

Je remplis quatre moules et je les place au réfrigérateur. C'est un dessert qui peut se préparer tranquillement à l'avance, il ne restera qu'à le passer rapidement au four. Le temps de cuisson est décisif pour obtenir la bonne consistance avec un cœur liquide, il faudra donc tester et valider votre timing si vous faites la recette chez vous. Mes moules à soufflé ont un diamètre de 7 cm, et je les remplis toujours généreusement à 4 cm de hauteur. Pour ces dimensions, j'ai constaté que la cuisson doit durer 15,5 minutes à 190 °C, résistances supérieure et inférieure allumées. Du moins, quand la pâte est à température ambiante. Si elle a passé la nuit dans le frigo, c'est plutôt 16 à 16,5 minutes. Si vous utilisez des moules beaucoup plus petits, votre temps de cuisson optimal sera plus court de quelques minutes. Une seule solution : invitez des amis et faites des essais !

Absorbées dans nos préparatifs, Christine et moi nous ne remarquons même pas que Matthias est arrivé – avec le dino dans son sillage. Tous les deux ont l'air un peu irrités.

– Vous tombez bien ! les interpelle joyeusement Christine. Nous avons besoin d'aide pour découper les légumes !

Matthias me fait signe de sortir de la cuisine et murmure :

– C'est le dino ?

– Oui, dis-je sur le même ton.

– Nous sommes arrivés en même temps devant la porte, et je ne savais pas qui c'était.

– Aujourd'hui, c'est thérapie culinaire impromptue, et j'ai aussi invité le dino.

– Il ne s'est même pas présenté, il m'a juste suivi sans rien dire, s'exclame Matthias en riant.

– Torben est un gars cool, il va vite se dégeler.

Nous revenons à la cuisine et je sors deux verres à vin pour les garçons. Je crois que nous allons passer une excellente soirée.

12
QUAND LA CHIMIE OPÈRE

Pendant que nous découpons les légumes en discutant avec animation du meilleur moment pour se passer du fil dentaire – avant ou après le brossage des dents –, le portable de Christine se met à vibrer en rafales. Six messages de Jonas. Il fait partie des gens qui sont incapables de mettre des points ou des paragraphes dans leurs SMS et envoient le moindre fragment :

« Hey »

« Alors :-) »

« Toujours au labo ? »

« Je peux cuisiner ce soir »

« Tu passes ? »

« Je peux venir te chercher »

Christine me jette un regard énervé. Je rétorque en riant :

– Pourquoi est-ce que tu me regardes, *moi* ? Tout ça pour un fichu dentifrice !

Christine ne peut pas s'empêcher de rire aussi, mais poursuit :

– Il n'y a pas que le dentifrice. C'était seulement… le déclencheur. En fait, la chimie n'opère pas.

Ce magnifique double sens nous fait rire toutes les deux.

– Je vais l'appeler, conclut Christine dans un soupir en sortant de la cuisine.

Je trouve l'expression « la chimie opère » très intéressante, parce que c'est de loin l'usage le plus positif du mot « chimie » dans notre quotidien. La chimie des sentiments ! Je ne sais pas à quoi pensent les non-chimistes quand ils utilisent cette expression, mais personnellement, quand je pense à l'amour, cela m'évoque la chimie, et la science. Est-ce que je manque de romantisme ? Je ne sais pas. Je ne trouve pas que le fait de considérer le monde sous l'angle scientifique en retire la magie.

Le physicien et prix Nobel américain Richard Feynman l'a parfaitement expliqué lors d'une interview :

« J'ai un ami artiste qui a parfois des opinions que je ne partage absolument pas. Il me montre une fleur et dit : “Regarde comme elle est belle”, et je suis d'accord. Ensuite, il dit : “En tant qu'artiste, je peux voir comme elle est belle, mais toi, en tant que scientifique, tu décortiques tout, et elle perd son charme.” Je crois qu'il est un peu fêlé. [...] Je suis tout à fait capable d'apprécier la beauté d'une fleur. En même temps, je vois beaucoup plus dans cette fleur que lui. Je peux imaginer les cellules à l'intérieur, les actions complexes qui se déroulent dedans et qui ont également une certaine beauté. Je veux dire qu'il n'y a pas que de la beauté à l'échelle du centimètre, il y a aussi de la beauté à une échelle plus réduite, dans la structure interne, les processus aussi. Le fait que les couleurs de la fleur aient évolué pour attirer les insectes afin qu'ils la pollinisent est intéressant : cela signifie que les insectes voient les couleurs. Cela ouvre une autre question : est-ce que le sens de l'esthétique existe aussi chez les formes de vie moins élaborées ? Pourquoi y a-t-il de la beauté ? Toutes sortes de questions intéressantes, où la connaissance scientifique ne fait qu'ajouter à l'enthousiasme, au mystère et à l'admiration devant une fleur. Cela ne fait qu'ajouter ! Je ne comprends pas comment cela pourrait soustraire quelque chose. »

Ces mots déclenchent la même réaction chez tous les scientifiques : ils tapent vigoureusement du poing sur la table en s'écriant : « Voilà, c'est exactement ça ! » J'espère secrètement que même si vous n'êtes pas scientifiques, vous voyez aussi les choses comme Richard Feynman. Les choses sont encore plus fascinantes quand on les comprend mieux.

D'ailleurs, la beauté de la science ne réside pas forcément dans la découverte de la vérité, mais dans le simple fait de la chercher. Je ne pense pas que nous pourrons si vite déchiffrer scientifiquement l'amour dans toutes ses nuances. Nous en sommes à des lieues. Mais je ne trouve pas qu'on manque de romantisme quand on veut étudier sous un angle scientifique l'amour, les émotions et les relations humaines.

Je peux affirmer sans faire de recherche qu'entre Matthias et moi, la chimie opère. Peut-être parce que nous sommes tous les deux chimistes. Ha ha. En tout cas, quand j'ai passé toute la journée à travailler à la maison et que j'entends Matthias refermer la porte en rentrant, ou bien quand je reviens d'un tournage épuisant et qu'il passe me chercher à la gare, même après dix ans de vie commune, je ressens toujours des « papillons dans le ventre » quand je le vois. Je sais, c'est d'un kitsch écœurant, mais en fait, le déclencheur de cette sensation de vertige dans le ventre est tout sauf romantique. C'est le même mécanisme que ce matin, avec l'abominable réveil de Matthias : une réaction de combat-fuite.

Est-ce que cela signifie que j'aimerais m'enfuir quand je vois Matthias, ou bien lui coller mon poing sur le nez ? Bien sûr que non ! Et s'il vous vient ce genre d'idées face à votre partenaire, séparez-vous rapidement, c'est peut-être mieux pour tout le monde. Cela dit, le fait est que la réaction corporelle de stress qu'on ressent quand on tombe amoureux entre dans cette catégorie, même si on la juge positive. Non seulement l'amour fait palpiter le cœur, mais il fait augmenter notre taux de cortisol. Après avoir fait la connaissance du cortisol ce matin sous le qualificatif d'hormone « du stress » avec l'adrénaline, nous lui découvrons maintenant une autre facette : avec nos papillons dans le ventre, on pourrait la qualifier d'hormone de l'amour !

Ce constat aidera peut-être l'un ou l'autre lecteur à surmonter le trac en le considérant sous un autre angle : la peur de monter sur scène ou de faire un exposé devant des étrangers se manifeste également par une réaction de combat-fuite. Les gens qui aiment se produire en public, eux, ne ressentent pas le besoin de s'enfuir, mais des frissons d'excitation. Dans les deux cas, la chimie est la même.

L'objectif d'une réaction de combat-fuite est aussi le même dans les différentes situations : juste avant de prendre la parole, c'est précisément l'exposé qui doit avoir la priorité. Il est d'une importance capitale. Tout comme lors de la rencontre avec le tigre à dents de sabre, nous devons lui consacrer toute notre attention. Cela signifie que certaines fonctions corporelles provisoirement secondaires peuvent être mises en attente pour le moment, y compris par exemple la digestion. Le sang est détourné du ventre, ce qui déclenche cette sensation de faiblesse dans l'estomac si désagréable dans les situations tendues, mais si merveilleuse quand on est amoureux. Lorsque je retrouve Matthias après une longue journée, mon corps me dit : « Laisse tomber tout le reste, la digestion peut attendre, fais donc attention à ce gars génial que voilà ! »

Avoir quelqu'un à serrer dans ses bras après une journée stressante et pénible est une chance extraordinaire. Tout le monde sait quelle force émotionnelle un câlin peut avoir. Il y a quelques années, on a tellement surexploité l'idée de se poster dans les zones piétonnes avec des panneaux « *Free Hugs* » pour proposer des câlins gratuits à tous les passants qu'elle a fini par tomber dans l'oubli, mais le visage rayonnant et la véritable joie qu'une embrassade peut déclencher même chez de parfaits étrangers sont fascinants.

Que se passe-t-il exactement quand nous prenons une autre personne dans nos bras ? Des psychologues de l'université Carnegie-Mellon à Pittsburgh, en Pennsylvanie, se sont posé la question. Leur étude, menée avec quelque 400 participants, se décomposait en trois étapes :

Étape 1 : ils ont demandé aux participants quels étaient leurs réseaux sociaux (les vrais, pas ceux d'internet) et le soutien émotionnel qu'ils recevaient au quotidien. Avaient-ils des amis avec lesquels entreprendre des choses ? Se sentaient-ils souvent exclus socialement ? Avaient-ils quelqu'un à qui confier leurs peurs et leurs soucis ?

Étape 2 : pendant deux semaines, ils ont demandé chaque soir aux participants s'ils avaient vécu un conflit social pendant la journée et si quelqu'un les avait pris dans ses bras.

Jusqu'à présent, rien d'extraordinaire dans les méthodes de cette étude. C'est là qu'arrive l'étape 3 : on a inoculé aux participants le virus du rhume avant de les mettre en quarantaine pour les observer ! Plutôt invasif pour une étude psychologique, mais les résultats se sont avérés très intéressants. Les conflits sociaux peuvent générer du stress (le mauvais, pas les papillons) qui, à son tour, peut affaiblir le système immunitaire. Quand on est stressé, on s'enrhume plus facilement. Mais les participants qui avaient déclaré à l'étape 1 avoir un fort réseau social et émotionnel ont pu se réjouir d'une probabilité plus faible de s'enrhumer, indépendamment du nombre de conflits sociaux qu'ils avaient dû surmonter au cours des quatorze jours précédents. Ceux qui avaient indiqué à l'étape 2 qu'on leur avait souvent fait des câlins ont obtenu le même résultat positif.

Des câlins contre le rhume ? Il serait certainement intéressant de voir plus de recherches dans ce domaine ; d'ici là je m'en tiendrai à ma dose quotidienne de câlins.

D'une manière générale, je suis une personne très câline, et c'est quelque chose que je tiens probablement de ma maman. C'est peut-être héréditaire, ou bien c'est parce qu'elle m'a fait beaucoup de câlins quand j'étais enfant. D'ailleurs, cela continue. Quand je rends visite à mes parents, ils me couvrent encore d'embrassades et de baisers. À l'âge de 12 ans, j'ai eu une révélation sur l'origine probable de tous ces câlins, lorsque j'ai rendu visite à ma famille maternelle au Vietnam. Après un long vol, suivi d'un voyage tout aussi long à bord d'un bus brinquebalant sur des routes étroites et dangereuses, nous sommes arrivés au crépuscule. Je suis descendue épuisée du véhicule. Là, j'ai été assaillie par une nuée d'étrangers qui me ressemblaient énormément ! Ils poussaient des cris de joie, voire d'hystérie, pleuraient, me prenaient dans leurs bras, me martelaient le front de baisers… Ils ne me lâchaient plus. Apparemment, c'est un trait de famille. Et je trouve cela très beau, même si pour une adolescente, c'était naturellement super embarrassant.

Pendant mes études, j'ai eu une seconde révélation lorsque j'ai découvert l'existence de l'ocytocine. Cette hormone joue un rôle primordial dans l'accouchement et l'allaitement, elle facilite par exemple les contractions musculaires de l'utérus, d'où son nom qui vient du grec ancien « accouchement rapide ». L'ocytocine assure l'attachement entre la mère et l'enfant ; elle est également sécrétée chez les couples, par exemple quand ils s'embrassent. On l'associe généralement aux relations sociales et à l'amour, en lui donnant notamment le doux surnom d'« hormone du câlin ».

Ah ah, ai-je alors pensé. Dans la famille de ma mère, on a certainement des niveaux élevés d'ocytocine. Mais j'allais vite apprendre que les effets des molécules hormonales ne sont jamais si simples à expliquer.

Je trouve que l'ocytocine est une molécule magnifique, ce qui tombe très bien :

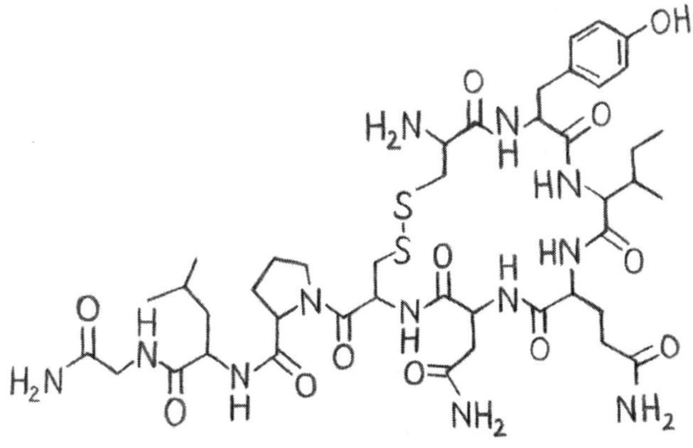

Cette merveilleuse structure chimique, associée au surnom d'hormone du câlin, confère à l'ocytocine une réputation particulière chez les *nerds* et leurs amis. On trouve des tasses ocytocine, des pulls ocytocine, et même des colliers ocytocine sur le marché. Chez les scientifiques aussi, l'ocytocine est très appréciée comme objet de recherche.

En 1979, une étude dans laquelle on administrait de l'ocytocine à des rates vierges a fait date. L'hormone a déclenché chez les jeunes femelles l'apparition d'un comportement maternel, elles ont commencé à s'occuper de bébés rats étrangers comme si c'étaient les leurs. En 1994, on a découvert que l'ocytocine jouait un rôle important dans le choix du partenaire chez les campagnols des prairies. Non seulement ce sont des animaux très mignons (regardez sur internet), mais ils font partie des rares mammifères monogames, c'est-à-dire qui restent avec le même partenaire toute leur vie. Que dire de plus : l'ocytocine est tout simplement une molécule adorable.

Chez les humains, d'après une étude suisse, l'ocytocine augmente la confiance. Les chercheurs ont demandé aux participants de jouer un jeu dans lequel ils devaient investir de l'argent avec une « subvention de confiance ». Les personnes qui avaient auparavant respiré une bouffée d'ocytocine se sont montrées plus confiantes vis-à-vis des autres joueurs inconnus. Des chercheurs allemands ont également constaté que des hommes sous l'influence de l'ocytocine grignotaient moins, ce qui les a amenés à penser que l'ocytocine pouvait réprimer le pur grignotage sans faim. Une hormone du câlin contre les fringales ? Voilà qui ferait une thérapie intéressante contre le surpoids, mais pour cela, nous avons encore besoin d'approfondir les recherches.

Les résultats sont toutefois très divers, et pas toujours positifs pour l'hormone du câlin. Des études récentes ont montré que l'ocytocine pouvait renforcer les souvenirs désagréables. Apparemment, elle intensifie de manière générale les souvenirs d'interactions sociales, qu'ils soient agréables comme notre premier baiser, ou désagréables comme une humiliation ou la peur de perdre un être aimé.

Et tandis que l'ocytocine renforce les relations sociales, elle pourrait également renforcer l'esprit de groupe et l'exclusion des autres, comme l'ont constaté des psychologues néerlandais. Tout comme l'empathie et la compassion nous amènent à agir avec humanité, cela peut également nous inciter à faire preuve de plus de compassion envers les personnes qui nous ressemblent qu'envers les autres.

Dans l'état actuel des recherches, il est totalement dépassé de qualifier l'ocytocine d'hormone du câlin. Son influence sur nos comportements sociaux est indiscutable, mais cela inclut des aspects positifs aussi bien que négatifs. Il vaut mieux se représenter l'ocytocine comme ceci : au milieu de tous les signaux, stimulus et informations qui nous inondent à longueur de journée, certaines informations sociales peuvent se perdre. Par exemple, je ne me rends pas compte que Christine se fait du souci pendant que je suis tranquillement assise avec elle à la cantine. L'ocytocine agit alors comme un filtre antibruit. Elle assure notamment la sécrétion d'un neurotransmetteur inhibiteur appelé GABA, que nous reverrons de plus près au chapitre suivant. Cette inhibition des signaux réduit le bruit, ce qui nous permet de mieux percevoir les stimulus et les messages sociaux.

C'est pour cela qu'on étudie le rôle possible de l'ocytocine dans le traitement de l'autisme. Les personnes atteintes d'autisme ont en général des difficultés à traiter les informations sociales. Par exemple, elles ont du mal à lire les émotions sur les expressions du visage. Cependant, jusqu'à présent, les expériences ont échoué en raison d'une mauvaise reproductibilité ou d'une absence d'efficacité en cas d'usage répété. Mais chez certains autistes dont le taux d'ocytocine est naturellement bas, l'apport de cette hormone pourrait s'avérer prometteur.

On constate avec intérêt qu'il existe de plus en plus de parallèles entre l'ocytocine et l'alcool. Tout d'abord, il y a les effets observables de l'extérieur : l'ocytocine aussi bien que l'alcool peuvent réduire la peur et le stress, tout en renforçant la confiance et la générosité. Mais tous deux ont leur part d'ombre : agressivité, prise de risque et tendance à avoir des préjugés positifs vis-à-vis de son propre groupe. En matière d'effets neurologiques également, les deux molécules ont des ressemblances étonnantes. Ainsi, l'alcool renforce lui aussi l'effet inhibiteur du neurotransmetteur GABA, même s'il passe par un autre mécanisme dont nous reparlerons au chapitre suivant. Néanmoins, l'expression anglaise « *love drunk* », ivre d'amour, semble donc receler un fond de vérité.

Christine n'est pas ivre d'amour quand elle revient après avoir téléphoné à Jonas. En compensation, je lui offre un énorme câlin. Et comme deux précautions valent mieux qu'une, je lui ressers un peu de vin.

13
LA PASSION DE L'OBJECTIVITÉ

De bonne humeur et l'estomac un peu trop rempli, nous traînons à table en sirotant notre vin pendant que les fondants au chocolat finissent de cuire. Mon verre à moi est cependant rempli d'eau. Je ne bois pas d'alcool parce que je ne le supporte pas. Entre 30 et 40 % des personnes originaires d'Asie du Sud-Est sont génétiquement condamnées à devenir écarlates et complètement ivres au premier verre d'alcool. Cela ne les empêche pas de boire, souvent. Un de nos amis vit en Chine et nous raconte régulièrement que parce qu'il est allemand, donc qu'il « supporte l'alcool », ses collègues chinois le forcent à boire lors des repas d'affaires. Même si de nombreux Chinois supportent aussi mal l'alcool que moi, ces adultes s'enivrent régulièrement jusqu'à la limite du coma comme s'ils n'avaient pas d'autre choix. Mais je concède que Matthias et moi veillons toujours à avoir assez d'alcool à la maison quand nous recevons des amis. Quels hôtes serions-nous, sinon ?

Pour les chimistes, le terme alcool désigne toute une classe de substances. L'alcool que nous consommons est *un* alcool particulier, l'éthanol. Tous les alcools ont en commun d'être toxiques, certains plus que d'autres. Cependant, le problème ne vient pas des molécules elles-mêmes, mais des produits de leur dégradation par le métabolisme. Le mode de dégradation courant des alcools est l'oxydation, d'abord en aldéhyde, puis en acide carboxylique. Le méthanol, petit frère de l'éthanol avec un atome de carbone en moins, serait moins toxique si notre corps ne l'oxydait pas en formaldéhyde, une molécule qui rend aveugle. Quant à l'isopropanol, un alcool souvent utilisé dans les désinfectants, on risque la détresse respiratoire et l'arrêt cardiaque si on en boit.

Tous les alcools ont une dose mortelle. Comparé aux autres, l'éthanol est encore relativement bien toléré, mais seulement jusqu'à une certaine dose. Pour éviter de succomber à un empoisonnement à l'éthanol, le corps dispose d'un mécanisme de défense : le vomissement. Toutefois, cela n'est pas sans danger non plus, car on peut s'étouffer dans son propre vomi quand on est inconscient.

Cela dit, même si vous ne buvez pas au point de perdre connaissance, vous ne vous faites pas du bien. L'alcool est métabolisé dans le foie, dont c'est la mission de se débarrasser des substances toxiques. Une forte consommation d'alcool peut surcharger et endommager le foie, et ce n'est que le début d'une liste longue comme le bras d'effets néfastes à long terme. Votre cœur et votre système digestif également vous seront reconnaissants si vous vous abstenez de boire de l'alcool. Sans parler des mauvaises décisions qu'on peut prendre en état d'ébriété.

C'est pour cela que je considère mon intolérance à l'alcool comme une bénédiction, et j'espère bien que je transmettrai mon gène mutant à mes enfants. Vous me trouverez peut-être méchante, mais croyez-moi, quand on n'a jamais pu boire d'alcool, il ne nous manque pas. Beaucoup de gens me plaignent quand même. Que ce soit votre cas ou non, reste que mon gène mutant est extrêmement fascinant. Pour le comprendre, il faut d'abord savoir ce que l'éthanol devient exactement dans le corps.

À l'aide d'une enzyme nommée alcool déshydrogénase, en abrégé ADH, l'éthanol est oxydé et converti en une molécule appelée acétaldéhyde. Celui-ci est au moins aussi néfaste que l'éthanol pour la santé. C'est un mutagène, c'est-à-dire une substance capable d'endommager l'ADN et de provoquer des cancers. L'acétaldéhyde est probablement la raison pour laquelle les études scientifiques constatent régulièrement un lien entre la consommation d'alcool et diverses formes de cancer. Le corps essaie donc de se débarrasser au plus vite de ce produit nocif. Le métabolisme oxyde l'acétaldéhyde pour le transformer en acide acétique ou en acétate, le sel correspondant. C'est seulement à ce moment-là que tout danger est écarté, car le corps est capable d'éliminer l'acétate sans problème ou de le convertir en énergie. Au passage, voilà pourquoi l'alcool est si calorique.

L'oxydation de l'acétaldéhyde en acétate s'effectue à l'aide d'une deuxième enzyme. Chez la plupart des Européens, cette enzyme s'appelle aldéhyde déshydrogénase 2, en abrégé ALDH2. Chez moi, comme chez de nombreux Asiatiques du Sud-Est et quelques autres personnes, l'enzyme ALDH2 est un peu différente, ce qui pose un énorme problème.

Pour le comprendre, il faut savoir à quoi ressemblent les enzymes en général. Au fil de ce livre, nous avons rencontré les enzymes à différents endroits, mais puisque nous parlons d'alcool, c'est l'occasion idéale pour aborder quelques détails importants. Les enzymes font partie des protéines, elles sont donc composées d'acides aminés. Les acides aminés sont de petites molécules formées essentiellement d'atomes de carbone, d'oxygène, d'hydrogène et d'azote. Au total, il existe 20 acides aminés que notre corps utilise pour fabriquer des protéines :

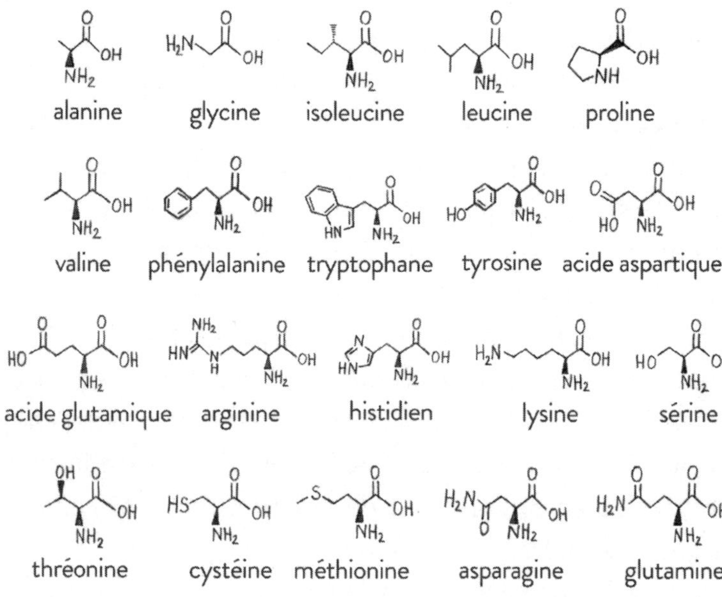

Au premier coup d'œil, cette illustration peut sembler impressionnante. Mais quand on a compris que toutes nos protéines sont fabriquées exclusivement à partir de ces 20 briques, et que ces protéines commandent pratiquement tous les processus chimiques et biologiques de notre corps, ce système modulaire est étonnamment réduit. Dans une protéine, les acides aminés forment une très longue chaîne. Par exemple, l'enzyme ALDH2 est composée de 500 acides aminés enchaînés dans un ordre bien défini. Et cette chaîne ne traîne pas n'importe comment, elle est repliée d'une manière bien spécifique, comme un origami. Comme la molécule d'eau, elle peut également former des ponts hydrogène entre différentes parties de la chaîne, et ce faisant, elle se replie sur elle-même. Au premier coup d'œil, l'ensemble fait plutôt penser à une pelote bien emmêlée. En fonction des acides aminés et de leur ordre d'enchaînement, chaque protéine possède une structure tridimensionnelle tout à fait caractéristique qui est décisive pour sa fonction.

Même pour les scientifiques qui travaillent tous les jours avec des protéines, tout cela est très complexe. Pour être sûrs de se comprendre, ils définissent cette structure selon différents facteurs : la composition chimique de la chaîne est ce qu'on appelle la structure primaire, on considère seulement la séquence des acides aminés, c'est-à-dire l'ordre des briques. Ensuite, on décrit les structures secondaire, tertiaire et quaternaire, c'est-à-dire la manière dont les chaînes tournent, se replient, se superposent et s'emboîtent.

C'est un peu comme une tour en Lego : si on regarde seulement quelles briques on utilise et dans quel ordre on les empile, c'est la structure primaire. La forme tridimensionnelle de la tour correspond à la superstructure. Mais l'image des Lego est trop simple pour les protéines, parce qu'on peut sans problème remplacer une brique jaune par une brique verte sans que la tour devienne autre chose. On peut également inverser deux briques sans qu'elle change de forme. Les acides aminés, eux, sont des briques tellement perfectionnées que la moindre variation de la séquence primaire peut avoir d'immenses conséquences sur la superstructure.

Mon enzyme ALDH2 « cassée » en est le parfait exemple : chez moi, dans sa longue chaîne de 500 acides aminés, le numéro 487 est différent. Une seule brique a changé. Et c'est cette variation minime qui modifie les ponts hydrogène de l'enzyme et lui donne une superstructure différente. Conséquence : mon enzyme est incapable de dégrader l'acétaldéhyde, elle est inactive.

Sans enzyme active, l'oxydation de l'acétaldéhyde en acide acétique n'est pas complètement stoppée, mais la réaction se déroule très, très lentement. Par conséquent, l'acétaldéhyde s'accumule dans mon corps au bout de quelques gorgées de vin. Mon organisme n'aime pas cela du tout, et réagit par des nausées, des palpitations et un phénomène particulièrement drôle : ma peau devient rouge comme une écrevisse, en particulier mon visage. La première fois que j'ai goûté de l'alcool dans ma jeunesse, j'ai d'abord cru que je faisais une allergie. Tous ces symptômes sont regroupés sous le nom d'« *Asian flush* », ou syndrome du rougissement asiatique. Pour moi, c'est suffisant pour éviter l'alcool.

Cela dit, je me suis saoulée une fois dans ma vie (et je n'ai pas l'intention de recommencer). J'ai fait mes études à Mayence, en Rhénanie-Palatinat, un haut lieu du carnaval allemand. Un habitant de Cologne rirait doucement devant cette affirmation, mais même à Mayence, le carnaval est une période insupportable pour les gens sobres. En principe, cela ne me dérange pas d'être à jeun quand tous les autres autour de moi sont ivres. Après tout, j'ai grandi dans une petite ville typique où il n'y avait pas grand-chose d'autre à faire le week-end que de s'enivrer. Mais le carnaval représente une autre dimension de l'ivresse, on a vraiment du mal à le supporter sans boire aussi.

D'ailleurs, j'ai remarqué une chose intéressante : quand les gens me demandent pourquoi je n'aime pas le carnaval, je leur explique que je ne peux pas boire d'alcool. Cette réponse déclenche toujours une réaction très compréhensive : « Oh, je vois, c'est normal. Sans alcool, c'est intenable. » Qu'est-ce que cela révèle sur le carnaval, si tous les Allemands s'accordent à dire que c'est un événement insupportable si on est à jeun ?

En tout cas, après avoir réussi pendant plusieurs années à fuir Mayence lors de la « cinquième saison », j'ai décidé de participer au moins une fois dans ma vie à la folie complète du *Rosenmontag*, le Lundi gras. Après le défilé du matin et quelques heures de boîte de nuit en pleine journée, en début de soirée, nous avons atterri par inadvertance dans un bar plein de « vieux ». Rétrospectivement, ils avaient probablement l'âge que j'ai aujourd'hui. À l'époque, j'avais 20 ans et les vieux chantaient à tue-tête « les sushis donnent des soucis, la pizza, c'est pas ça, mais le döner, c'est le bonheur ». Je ne pouvais pas simplement repartir, j'avais payé 10 € l'entrée, une petite fortune pour une étudiante. J'étais prisonnière ! C'est là que j'ai pris ma décision : c'est le moment, je vais me saouler.

Le projet s'est avéré plus compliqué que prévu à réaliser. J'ai goûté diverses boissons alcoolisées, mais à chaque fois, j'ai passé le verre à mes amis après une seule gorgée parce que le goût de l'alcool était vraiment trop immonde. Après tout, l'éthanol est un solvant organique, et je trouve qu'il a effectivement un goût de solvant. L'alcool fort peut même brûler douloureusement, parce que l'éthanol se fixe sur des récepteurs sensibles à la chaleur – les mêmes qui sont activés par les molécules de capsaïcine des piments. Ces récepteurs transmettent une impression de chaleur au cerveau qui interprète l'ensemble comme une perception douloureuse. Mais alors que la capsaïcine imite la chaleur directe, l'éthanol ne fait que rendre les récepteurs de la chaleur plus sensibles. Il abaisse le seuil de température à partir duquel ils réagissent : subitement, ils ont l'impression que notre propre température corporelle est trop élevée, et on a la langue qui brûle. Mais ce n'était qu'une parenthèse, revenons à ma tentative d'ivresse.

Au bout d'une demi-heure et de quelques gorgées – je n'avais pas bu plus d'un demi-verre au total –, j'ai ressenti le besoin impérieux de prendre l'air. À peine avais-je inspiré cette bouffée d'air frais que je me suis surprise à vomir sur le seuil de la porte. Ensuite, je me suis sentie beaucoup mieux, et j'ai annoncé à mes amis que la soirée pouvait commencer pour de bon ! Moins de dix minutes plus tard, je n'avais qu'une envie, rentrer à la maison. Mes amis m'ont raccompagnée en rigolant parce que je pouvais à peine marcher toute seule, et une fois à la maison, j'ai encore été malade. À 19 heures, j'étais au lit. Voilà ce qui arrive quand l'une des enzymes de dégradation de l'alcool ne fonctionne pas correctement.

L'alcool est également toxique pour ses propres productrices, les levures. Pendant la fermentation, les levures se nourrissent de sucres et de glucides, et produisent notamment de l'éthanol. Mais à partir d'une teneur en alcool de 15 %, les choses se compliquent pour elles. En fin de compte, les levures meurent à cause du produit de leur propre métabolisme, une véritable tragédie. C'est pour cela qu'on ne peut obtenir de plus fortes teneurs qu'au moyen de la distillation, en concentrant l'alcool par évaporation et récupération.

Je ne peux donc pas profiter d'une agréable sensation d'ivresse, mais quand on est sobre, le spectacle des gens ivres peut être grandiose. En fait, une masse de personnes ivres incontrôlables est un phénomène plutôt inquiétant, mais au fil des millénaires, nous nous sommes habitués à la drogue qu'est l'alcool et à tout ce qui l'entoure. Intéressant, quand on pense à quel point nous diabolisons tous les autres états d'ivresse chimiquement induits. D'un autre côté, je dois malheureusement admettre qu'une soirée avec vin est tout simplement plus amusante qu'une soirée sans.

Le dino semble en profiter particulièrement. Depuis deux bonnes heures, il nous régale d'un humour très spirituel qu'il dissimule derrière un voile de silence quand il est sobre. Pourquoi cela ? Qu'est-ce que cette molécule d'éthanol fait exactement dans notre corps pour que nous nous sentions plus confiants et moins inhibés ?

Penchons-nous un peu sur la chimie de l'ivresse.

L'éthanol est absorbé par l'estomac et l'intestin grêle, et se retrouve dans la circulation sanguine. L'essentiel est envoyé vers le foie qui se lance dans la dégradation enzymatique. Une petite partie est évacuée par les poumons, où elle donne avec l'acétaldéhyde l'haleine bien connue des alcooliques. Désagréable pour les voisins, mais très pratique pour les policiers. Tous ces processus ne sont rien d'autre que la réaction très raisonnable du corps qui cherche à se débarrasser aussi rapidement que possible de l'alcool. Mais en règle générale, il n'arrive pas à suivre le rythme auquel on boit, et l'éthanol en excès parvient par la circulation sanguine jusqu'au cerveau. C'est là que la fête commence pour de bon.

Sur le cerveau, l'alcool agit de la même manière que les calmants ou les anesthésiques. Cela peut paraître bizarre quand on pense aux buveurs qui braillent en dansant sur les tables. Même s'ils se sentent désinhibés, d'un point de vue neuronal, l'alcool a un effet inhibiteur. Plus précisément, l'alcool perturbe la communication entre nos neurones. Ceux-ci communiquent via des neurotransmetteurs, comme la sérotonine dont nous avons parlé au chapitre 7. Voici deux autres neurotransmetteurs qui vont vous permettre de mieux comprendre votre moi ivre à l'avenir.

Nous avons déjà vu la molécule appelée glutamate (ou acide glutamique), c'est l'un des 20 acides aminés qui constituent les protéines. Le glutamate est aussi un neurotransmetteur, de la catégorie des excitateurs. Quand le glutamate se fixe sur son récepteur, il active la communication entre les neurones, cela augmente les signaux émis.

Son adversaire est un inhibiteur appelé GABA, abréviation de *gamma-aminobutyric acid*, l'acide gamma-aminobutyrique. Le revoilà donc, ce neurotransmetteur dont la production est stimulée par l'hormone du câlin ou pas, l'ocytocine. Quand le GABA se fixe sur son récepteur, il inhibe la communication, ce qui réduit le nombre de signaux transmis.

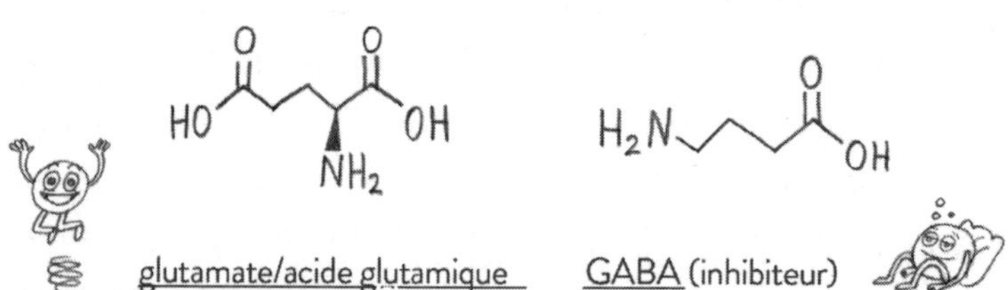

glutamate/acide glutamique (excitateur)   GABA (inhibiteur)

Nous avons déjà beaucoup parlé des récepteurs du cerveau – souvenez-vous de l'analogie avec la place de parking. Regardons-les maintenant de plus près, dans le contexte de l'ivresse. Comme beaucoup d'autres choses dans notre corps, les récepteurs sont constitués de protéines. On peut se les représenter comme une sorte de tunnel ou de canal qui est normalement fermé. Mais quand le bon neurotransmetteur se fixe au récepteur, le canal s'ouvre pendant un instant et des ions (sodium, potassium, calcium ou chlorure) peuvent le traverser. Comme dans la batterie de notre portable, ce déplacement de particules chargées génère une tension qui permet aux neurones de s'envoyer des signaux électriques. Quand les ions sont positifs (cations), le neurone envoie des signaux. C'est le cas avec les récepteurs du glutamate. Quand les ions sont négatifs (anions), les signaux sont stoppés. C'est ce qui se passe avec les récepteurs du GABA.

Mais voici que l'éthanol entre en scène et chamboule tout. La molécule interagit aussi bien avec le récepteur du glutamate qu'avec celui du GABA. Sur le premier, il inhibe le flux des ions. Cela diminue l'effet excitateur du glutamate, les neurones envoient moins de signaux. Sur le second, l'éthanol force au contraire les canaux à rester ouverts plus longtemps et à laisser plus d'ions traverser. L'effet inhibiteur du GABA est donc renforcé par l'alcool. Là aussi, cela conduit les neurones à envoyer moins de signaux.

L'alcool ralentit donc doublement notre cerveau. Cela pourrait aussi expliquer pourquoi l'alcool nous incite à danser sur des tables en braillant des chansons idiotes : la réduction de l'activité cérébrale inhibe notamment l'anxiété sociale et le self-control en général. Cette baisse d'activité se répercute aussi sur nos capacités motrices. Quand nos neurones communiquent moins entre eux, on a plus de mal à effectuer des choses aussi simples que marcher droit. On se met à bégayer et on réagit lentement. Avec un cerveau endormi, on ne prend pas forcément les décisions les plus intelligentes – vous avez probablement vos anecdotes pour le confirmer si vous avez déjà pris une cuite. D'une manière générale, on réfléchit moins, on perçoit moins, et on se souvient moins.

En temps normal, le GABA est un neurotransmetteur très important par son activité inhibitrice. Il est évident que nous avons besoin de neurones actifs. Mais il faut savoir que dans notre cerveau, « plus » ne signifie pas forcément « mieux ». Le GABA nous aide aussi à trier les informations et à distinguer les différents stimulus.

Sans cette activité inhibitrice, il serait difficile de penser clairement, nous succomberions au matraquage sensoriel. C'est pour cela qu'on emploie des médicaments qui augmentent la concentration de GABA pour traiter l'épilepsie. Parfois, je me demande s'il est possible que les personnes ivres, avec leur activité cérébrale en veille, pensent effectivement très clairement… mais très peu. Personnellement, je ne peux rien en dire, mais cela concorde avec la constatation que les buveurs ruminent sans cesse une seule et même idée.

L'influence de l'alcool sur le cerveau est loin de s'arrêter là. L'éthanol accroît la production d'un neurotransmetteur aussi formidable que sournois : la dopamine. Le spectre d'action de cette molécule est très large : les mouvements, l'apprentissage, l'attention et les émotions dépendent de la dopamine. C'est l'un des neurotransmetteurs centraux de notre système de la récompense : quand on fait quelque chose qui nous réjouit, on sécrète de la dopamine, et on en veut toujours plus. Trop de dopamine favorise les comportements impulsifs et la dépendance, et joue même un rôle important dans la schizophrénie. Une fois la dopamine libérée, il faut du sang-froid pour ne pas céder à l'ivresse du bonheur et se resservir encore et encore du vin. C'est d'autant plus difficile quand la partie du cerveau chargée du self-control est déjà handicapée par l'alcool. C'est pour cela qu'on regrette seulement le lendemain.

Matthias, Christine et Torben sont à peine éméchés. Après tout, nous avons bien mangé et comme l'éthanol pénètre dans la circulation sanguine par l'estomac et l'intestin grêle, un ventre plein peut ralentir son absorption.

À moins qu'on ne souffre du syndrome d'autobrasserie – un phénomène incroyable peu documenté par la médecine, mais je ne voudrais pas vous priver d'au moins un exemple.

L'histoire a commencé en 2004 avec un Américain d'âge moyen, qui avait constaté une chose bizarre après une opération du pied suivie d'un traitement aux antibiotiques : subitement, il supportait bien moins l'alcool qu'avant. Au bout de deux bières, il était ivre mort. Pire, il se sentait parfois ivre alors qu'il n'avait rien bu. Sa femme, infirmière de métier, a commencé à mesurer son alcoolémie à l'aide d'un éthylomètre : il n'était pas rare qu'il affiche plus de 3 g/l. En Allemagne, la loi stipule une inaptitude absolue à la conduite à partir d'un taux de 1,1 ‰ (1,16 g/l), et une inaptitude relative à 0,3 ‰ (0,32 g/l). Aux États-Unis, la limite légale d'interdiction de la conduite est fixée à 0,08 % (0,84 g/l). L'homme était donc dans de beaux draps. Le couple était incapable d'expliquer une telle alcoolémie et a commencé à chercher de l'alcool caché, par exemple dans les chocolats ou autres, sans rien trouver de concluant. Ce devait être un couple très solide pour qu'elle ne le soupçonne pas de boire en cachette. En 2009, l'homme a fini par être admis aux urgences, avec un taux de 3,91 g/l potentiellement mortel. Tout en affirmant qu'il n'avait rien bu. Les médecins n'en ont pas cru un mot et sont partis du principe qu'il dissimulait son alcoolisme.

Cependant, un an plus tard, l'homme était de retour à l'hôpital pour une coloscopie. C'est là que les médecins ont découvert une bizarrerie dans son intestin : un champignon nommé *Saccharomyces cerevisiae*, autrement connu sous le nom de levure de boulanger ou levure de bière. Comme son nom l'indique, la levure de bière s'emploie pour fabriquer de la bière. Mais dans notre système digestif, elle ne se sent pas perdue. Cet homme avait-il une brasserie dans les intestins ? Voilà qui donne un nouveau sens à la notion d'« abdos Kro »…

Le corps médical s'est sérieusement penché sur le problème. En avril 2010, on a hospitalisé l'Américain pendant 24 heures pour étudier son intestin levuré. Naturellement, les soignants l'ont intégralement fouillé lors de son admission, pour voir s'il ne tentait pas d'introduire de l'alcool clandestinement. On restait sceptique sur son cas. Les médecins lui ont fait boire une bonne dose d'eau sucrée et lui ont procuré divers encas riches en glucides. Et de fait, vers midi, le pauvre homme était ivre, avec 1,27 g/l d'alcool dans le sang. Les levures de ses intestins avaient transformé les glucides en éthanol. Ce phénomène a reçu le nom parlant de syndrome d'autobrasserie. Les cas sont si rares qu'en dehors de quelques exemples, on ne dispose d'aucune étude scientifique précise. À ce que je sais, l'homme s'est rétabli depuis, en reprenant le contrôle de la situation grâce à un traitement fongicide conjugué à une alimentation pauvre en glucides. Je suis heureuse de ne pas avoir ce syndrome, imaginez un peu.

– Dis-moi, Mai, déclare le dino, je trouve tout ce que tu fais vraiment remarquable, tu intéresses les gens à la chimie, mais… je dois te poser une question critique.

Christine se penche d'un air attentif. D'abord des blagues, ensuite des questions critiques. L'alcool accomplit de vraies merveilles.

– Tu ne peux pas juste motiver les jeunes comme ça, explique Torben, tout le monde ne peut pas étudier la chimie, ce serait une catastrophe !

Nous rions de bon cœur, mais Torben ne plaisante qu'à moitié, et honnêtement, c'est une question qu'il faudrait effectivement prendre au sérieux. Laissez-moi vous expliquer les choses en détail.

Éveiller l'enthousiasme pour la chimie, c'est l'un des objectifs auxquels je me consacre avec conviction. Je reçois beaucoup de messages ou de commentaires qui me rendent très heureuse. De jeunes gens m'écrivent qu'avant, ils ne s'étaient jamais intéressés aux sciences naturelles, et encore moins à la chimie, mais que mes vidéos leur en ont donné le goût. Certains m'écrivent qu'ils vont bientôt entamer une formation ou des études et me citent généreusement comme leur source d'inspiration ou de motivation. Ces messages, à leur tour, sont ma meilleure source d'inspiration.

Mais pourquoi tout cela est-il important ?

« Il nous faut plus de MINT ! » entend-on partout. MINT est un acronyme qui désigne les mathématiques, l'informatique, les sciences naturelles et la technologie (rien que des choses amusantes). On manque de main-d'œuvre dans le secteur des MINT, paraît-il. Mais ce n'est pas une motivation très séduisante en soi. De plus, le marché du travail peut changer à tout moment. Depuis des années, la chimie allemande gagne plus de 10 000 étudiants par an. En 2017, plus de 11 000 étudiants ont entamé leur cursus, un record. La même année, plus de 2 000 chimistes ont reçu leur doctorat. Certes, l'industrie chimique recrute des apprentis à tour de bras, mais il n'y a aucune pénurie de main-d'œuvre en ce qui concerne les chimistes diplômés.

– Je ne veux pas forcément inciter les gens à suivre une formation en chimie ou à vouloir faire des études de chimie, dis-je, ce n'est qu'un effet secondaire de ma véritable mission.

– LA MISSION DE MAI ! s'exclament Matthias et Christine en même temps avant de trinquer.

Tous les deux me charrient parfois parce que « je suis en mission ». Cela sonne un peu pathétique, et un peu trop sérieux à mon goût. Mais je suis sérieuse, ils le savent bien et me soutiennent à fond.

Ceux qui disent que nous avons besoin de plus de MINT parce que nous manquons de main-d'œuvre, à mon avis, pensent à trop court terme. Cela voudrait dire qu'on n'aurait plus besoin d'encourager les jeunes à se tourner vers les MINT une fois tous les emplois pourvus dans ce domaine. Actuellement, il ne faudrait donc donner envie à personne de faire de la chimie, parce qu'il y a largement assez de chimistes diplômés sur le marché du travail. N'importe quoi, bien sûr. Je dis que nous avons besoin de plus de MINT parce que les mathématiques, l'informatique, les sciences naturelles et la technologie sont des éléments très importants de notre vie et que nous devons les connaître ! Mais on n'est pas obligé de les étudier pour cela.

Peu importe que vous ayez abandonné la chimie à l'école (je vous pardonne). Peu importe que vous trouviez la physique plus cool que la chimie (je vous pardonne aussi, mais il faut quand même savoir que les frontières entre sciences naturelles sont un truc de débutant). Si vous préférez travailler dans la menuiserie ou étudier l'histoire de l'art, c'est parfait ! La chimie peut aussi être un loisir, comme le football ou la guitare. *Tout le monde* devrait en savoir plus sur la chimie !

Mais je ne veux pas que les gens apprennent la chimie seulement pour en savoir plus. Dans ce livre, vous avez appris beaucoup de choses sur le modèle des particules et la thermodynamique, les couches électroniques et la règle de l'octet, les liaisons chimiques et les ponts hydrogène, les réactions d'oxydation et de réduction, les neurotransmetteurs et les hormones, les tensioactifs et le fluor, la théobromine et la caféine… Je pourrais recommencer ma journée depuis le début et vous donner des exemples chimiques complètement différents. Et on pourrait faire la même chose avec la biologie ou la physique. Peu importe ce que vous retiendrez de ce livre, du moment qu'il vous a inoculé le *scientific spirit*. C'est là ma véritable mission : plus de *scientific spirit* ! Mon arme préférée est la chimie, mais il y en a d'autres. Toutes les sciences sont unies par ce *scientific spirit*. Même si je ne trouve pas un mot exact qui recouvre tout ce que j'entends par *scientific spirit*, je vais tenter de vous le résumer.

Le *scientific spirit*, c'est ne rien tenir pour acquis et observer le monde comme si on le voyait pour la première fois.

Chercher l'émerveillement dans le connu. C'est le moment où on tient sa tasse de café quotidienne en se disant : « Hmm. Tout ça, c'est des molécules. Trop classe. »

Le *scientific spirit*, c'est voir la beauté à l'intérieur des choses, voir les fleurs avec les yeux de Richard Feynman. Voir que chaque découverte scientifique ouvre la porte sur de nouvelles questions, de nouvelles merveilles et toujours plus de beauté.

Le *scientific spirit*, c'est célébrer les essais randomisés contrôlés lors desquels les chercheuses et les chercheurs se rendent eux-mêmes aveugles parce qu'ils savent que nos attentes personnelles empiètent toujours sur notre sens critique.

Le *scientific spirit*, c'est posséder une insatiable curiosité que rien ne peut décourager, même la molécule la plus puante au monde.

Le *scientific spirit*, c'est se réjouir de la complexité et se méfier des réponses simples. Quand on découvre la chimie pour soi et qu'on a plaisir à comprendre les phénomènes chimiques, non seulement on enrichit sa vie et son quotidien, mais on se met forcément à apprécier la complexité des choses.

Le *scientific spirit*, c'est aimer les chiffres et les faits. Il faut aussi avoir conscience de nos propres préjugés, car nous en avons tous, jeter un regard critique sur nos opinions personnelles et être prêts à en changer si les faits l'exigent. On ne peut pas traiter à égalité les faits et les opinions personnelles. Devant certains débats politiques, je me prends la tête à deux mains en me demandant : « Mais pourquoi ne peut-on pas faire preuve d'émotions tout en restant objectif ? » Pourtant, quand j'observe certains de mes collègues scientifiques, je me demande aussi : « Mais pourquoi ne peut-on pas être objectif et passionné en même temps ? » L'objectivité n'est pas forcément l'absence d'émotions. Ce que je revendique, c'est la passion de l'objectivité !

– Je bois à la passion de l'objectivité ! déclare Christine en levant son verre.

– À la passion de l'objectivité ! répétons-nous en chœur. Nos verres tintent, les atomes qui s'entrechoquent commencent à osciller, les ondes sonores se propagent dans l'air de la pièce, et les molécules dansent jusque dans nos oreilles.

BIBLIOGRAPHIE

Voici mes principales sources bibliographiques, en particulier celles qu'on ne trouve pas dans les manuels standard, par ordre d'apparition dans le texte.

Chapitre 1

- Lewy A. J., Wehr T. A., Goodwin F. K., Newsome D. A., et Markey S. P., « *Light suppresses melatonin secretion in humans* », *Science*, vol. 210 (4475), 1980, p. 1267-1269.
- Herman J. P., Myers B., *et al.*, « *Regulation of the hypothalamic-pituitaryadrenocortical stress response* », *Comprehensive Physiology*, vol. 6 (2), 2016, p. 603.
- McEwen B. S., et Stellar E., « *Stress and the individual : mechanisms leading to disease* », *Archives of Internal Medicine*, vol. 153 (18), 1993, p. 2093-2101.
- Wilhelm I., Born J., Kudielka B. M., Schlotz W., et Wüst, S., « *Is the cortisol awakening rise a response to awakening ?* », *Psychoneuroendocrinology*, vol. 32 (4), 2007, p. 358-366.
- Wüst S., Kirschbaum C., *et al.*, « *The cortisol awakening response – normal values and confounds* », *Noise Health*, vol. 7, 2000, p. 77-85.
- Wren M. A., Rudolf P., *et al.*, « *Effect of different spectral transmittances through tinted animal cages on circadian metabolism and physiology in Sprague-Dawley rats* », *Journal of the American Association for Laboratory Animal Science*, vol. 53 (1), 2014, p. 44-51.

- Van Geijlswijk I. M., Korzilius H. P., et Smits M. G., « *The use of exogenous melatonin in delayed sleep phase disorder : a meta-analysis* », *Sleep*, vol. 33 (12), 2010, p. 1605-1614.
- Claustrat B., et Leston J., « *Melatonin : Physiological effects in humans* », *Neurochirurgie*, vol. 61 (2-3), 2015, p. 77-84.
- Zisapel N., « *New perspectives on the role of melatonin in human sleep, circadian rhythms and their regulation* », *British Journal of Pharmacology*, vol. 175 (16), 2018, p. 3190-3199.
- Lovallo W. R., Wilson M. F., *et al.*, « *Caffeine stimulation of cortisol secretion across the waking hours in relation to caffeine intake levels* », *Psychosomatic Medicine*, vol. 67 (5), 2005, p. 734.
- Huang R. C., « *The discoveries of molecular mechanisms for the circadian rhythm : The 2017 Nobel Prize in Physiology or Medicine* », *Biomedical Journal*, vol. 41 (1), 2018, p. 5-8.
- Stothard E. R., Wright Jr K. P., *et al.*, « *Circadian entrainment to the natural light-dark cycle across seasons and the weekend* », *Current Biology*, vol. 27 (4), 2017, p. 508-513.

Chapitre 3

- Meyer-Lückel H., Paris S., et Ekstrand K. (dir.), *Karies : Wissenschaft und Klinische Praxis*, Stuttgart, Georg Thieme Verlag, 2012.
- Choi A. L., *et al.*, « *Developmental fluoride neurotoxicity : a systematic review and meta-analysis* », *Environmental Health Perspectives*, vol. 120 (10), 2012, p. 1362.
- Bashash, Morteza, *et al.*, « *Prenatal fluoride exposure and cognitive outcomes in children at 4 and 6-12 years of age in Mexico* », *Environmental Health Perspectives*, vol. 125 (9), 2017, CID : 097017.

- EFSA Panel on Dietetic Products, Nutrition, and Allergies (Groupe scientifique NDA de l'EFSA), « *Scientific Opinion on Dietary Reference Values for fluoride* », *EFSA Journal*, vol. 11 (8), 2013, p. 3332.

Chapitre 4

- Tremblay M. S., Colley R. C., Saunders T. J., Healy G. N., et Owen N., « *Physiological and health implications of a sedentary lifestyle* », *Applied Physiology, Nutrition, and Metabolism*, vol. 35 (6), 2010, p. 725-740.
- Baddeley B., Sornalingam S., et Cooper M., « *Sitting is the new smoking : where do we stand ?* », *British Journal of General Practice*, vol. 66 (646), 2016, p. 258-258. [NdT : l'extrait cité est traduit de l'original en anglais.]
- Organisation mondiale de la santé, *Suivi des progrès 2017 dans la lutte contre les maladies non transmissibles*, 2017.
- Forouzanfar M. H., Cohen A. J., *et al.*, (2016), « *Global, regional, and national comparative risk assessment of 79 behavioural, environmental and occupational, and metabolic risks or clusters of risks, 1990-2015 : a systematic analysis for the Global Burden of Disease Study 2015* », *The Lancet*, vol. 388 (10053), p. 1659-1724.
- Chau J. Y., Bauman A., *et al.*, « *Sitting ducks face chronic disease : an analysis of newspaper coverage of sedentary behaviour as a health issue in Australia 2000-2012* », *Health Promotion Journal of Australia*, vol. 28 (2), 2017, p. 139-143.
- Ekelund U., Lancet Sedentary Behaviour Working Group, *et al.*, « *Does physical activity attenuate, or even eliminate, the detrimental association of sitting time with mortality ? A harmonised meta-analysis of data from more than 1 million men and women* », *The Lancet*, vol. 388 (10051), 2016, p. 1302-1310.

- O'Donovan G., Lee I. M., Hamer M., et Stamatakis E., « *Association of "weekend warrior" and other leisure time physical activity patterns with risks for all-cause, cardiovascular disease, and cancer mortality* », *JAMA Internal Medicine*, vol. 177 (3), 2017, p. 335-342.
- Martin A., Mutrie N., *et al.*, « *Interventions with potential to reduce sedentary time in adults : systematic review and meta-analysis* », *British Journal of Sports Medicine*, vol. 49 (16), 2015, p. 1056-1063.
- Stamatakis E., Hillsdon M., *et al.*, « *Sitting behaviour is not associated with incident diabetes over 13 years : the Whitehall II cohort study* », *British Journal of Sports Medicine*, vol. 51 (10), 2017, p. 818-823, bjsports-2016-096723.
- Marmot M., et Brunner E., « *Cohort profile : the Whitehall II study* », *International Journal of Epidemiology*, vol. 34 (2), 2005, p. 251-256.
- Biswas A., Alter D. A., *et al.*, « *Sedentary time and its association with risk for disease incidence, mortality, and hospitalization in adults : a systematic review and meta-analysis* », *Annals of Internal Medicine*, vol. 162 (2), 2015, p. 123-132.
- Van Uffelen J. G., Gardiner P. A., *et al.*, « *Occupational sitting and health risks : a systematic review* », *American Journal of Preventive Medicine*, vol. 39 (4), 2010, p. 379-388.
- Stamatakis E., Coombs N., Rowlands A., Shelton N., et Hillsdon M., « *Objectively-assessed and self-reported sedentary time in relation to multiple socioeconomic status indicators among adults in England : a cross-sectional study* », *BMJ Open*, vol. 4 (11), 2014, e006034.
- Grøntved A., et Hu F. B., « *Television viewing and risk of type 2 diabetes, cardiovascular disease, and all-cause mortality : a meta-analysis* », *JAMA*, vol. 305 (23), 2011, p. 2448-2455.

- Stamatakis E., Hillsdon M., Mishra G., Hamer M., et Marmot M. G., *et al.*, « *Television viewing and other screen-based entertainment in relation to multiple socioeconomic status indicators and area deprivation : The Scottish Health Survey 2003* », *Journal of Epidemiology & Community Health*, jech-2008.
- Hamer M., Stamatakis E., et Mishra G. D., « *Television-and screen-based activity and mental well-being in adults* », *American Journal of Preventive Medicine*, vol. 38 (4), 2010, p. 375-380.
- Pearson N., et Biddle S. J., « *Sedentary behavior and dietary intake in children, adolescents, and adults : a systematic review* », *American Journal of Preventive Medicine*, vol. 41 (2), 2011, p. 178-188.
- Scully M., Dixon H., et Wakefield M., « *Association between commercial television exposure and fast-food consumption among adults* », *Public Health Nutrition*, vol. 12 (1), 2009, p. 105-110.

Chapitre 5

- Liljenquist K., Zhong C. B., et Galinsky A. D., « *The smell of virtue : Clean scents promote reciprocity and charity* », *Psychological Science*, vol. 21 (3), 2010, p. 381-383.
- Vohs K. D., Redden J. P., et Rahinel R., « *Physical order produces healthy choices, generosity, and conventionality, whereas disorder produces creativity* », *Psychological Science*, vol. 24 (9), 2013, p. 1860-1867.
- Open Science Collaboration, « *Estimating the reproducibility of psychological science* », *Science*, vol. 349 (6251), 2015, aac4716.
- Price D. D., Finniss D. G., et Benedetti F., « *A comprehensive review of the placebo effect : recent advances and current thought* », *Annual Review of Psychology*, vol. 59, 2008, p. 565-590.

- Jewett D. L., Fein G., et Greenberg M. H., « *A double-blind study of symptom provocation to determine food sensitivity* », *New England Journal of Medicine*, vol. 323 (7), 1990, p. 429-433.
- Benedetti F., Lanotte M., Lopiano L., et Colloca L., « *When words are painful : unraveling the mechanisms of the nocebo effect* », *Neuroscience*, vol. 147 (2), 2007, p. 260-271.

Chapitre 6

- Yogeshwar R., *What's in it for me ?* Voir : https://www.spektrum.de/kolumne/und-was-bringts-mir/1563312 ou https://www.meta-magazin.org/2018/05/05/whats-in-for-me-oder-wieso-das-grassierende-kraemerdenken-diewissenschaft-bedroht/
- Rohrig B., « *Smartphones* », *ChemMatters*, vol. 11, 2015.
- Buchmann I., *Batteries in a portable world : a handbook on rechargeable batteries for non-engineers*, Richmond (Canada), Cadex Electronics, 2001.
- Braga M. H., M Subramaniyam C., Murchison A. J., et Goodenough J. B., « *Nontraditional, Safe, High Voltage Rechargeable Cells of Long Cycle Life* », *Journal of the American Chemical Society*, vol. 140 (20), 2018, p. 6343-6352.

Chapitre 7

- Asberg M., Thoren P., Traskman L., Bertilsson L., et Ringberger V., « *Serotonin depression – a biochemical subgroup within the affective disorders ?* », *Science*, vol. 191 (4226), 1976, p. 478-480.
- Song F., Mason J., *et al.*, « *Selective serotonin reuptake inhibitors : meta-analysis of efficacy and acceptability* », *Bmj*, vol. 306 (6879), 1993, p. 683-687.

- Owens M. J., et Nemeroff C. B., « *Role of serotonin in the pathophysiology of depression : focus on the serotonin transporter* », Clinical *Chemistry*, vol. 40 (2), 1994, p. 288-295.
- Whittington C. J., Boddington E., *et al.*, « *Selective serotonin reuptake inhibitors in childhood depression : systematic review of published versus unpublished data* », *The Lancet*, vol. 363 (9418), 2004, p. 1341-1345.
- Fergusson D., Hutton B., *et al.*, « *Association between suicide attempts and selective serotonin reuptake inhibitors : systematic review of randomised controlled trials* », *BMJ*, vol. 330 (7488), 2005, p. 396.
- Risch N., Merikangas K. R., *et al.*, « *Interaction between the serotonin transporter gene (5-HTTLPR), stressful life events, and risk of depression : a meta-analysis* », *JAMA*, vol. 301 (23), 2009, p. 2462-2471.
- Karg K., Burmeister M., Shedden K., et Sen S., « *The serotonin transporter promoter variant (5-HTTLPR), stress, and depression meta-analysis revisited : evidence of genetic moderation* », *Archives of General Psychiatry*, vol. 68 (5), 2011, p. 444-454.
- Aguilar F., Gürtler R., *et al.*, « *Assessment of the results of the study by McCann et al. (2007) on the effect of some colours and sodium benzoate on children's behaviour* », *The EFSA Journal*, vol. 660, 2008, p. 1-54.
- McCann D., Sonuga-Barke E., *et al.*, « *Food additives and hyperactive behaviour in 3-year-old and 8/9-year-old children in the community : a randomised, double-blinded, placebo-controlled trial* », *The Lancet*, vol. 370 (9598), 2007, p. 1560-1567.
- Schab D. W., et Trinh N. H. T., « *Do artificial food colors promote hyperactivity in children with hyperactive syndromes ? A meta-analysis of double-blind placebo-controlled trials* », *Journal of Developmental & Behavioral Pediatrics*, vol. 25 (6), 2004, p. 423-434.

- Watson R., « *European agency rejects links between hyperactivity and food additives* », *BMJ : British Medical Journal*, vol. 336 (7646), 2008, p. 687.
- EFSA Panel on Food Additives and Nutrient Sources (Groupe ANS de l'EFSA), « *Scientific Opinion on the re-evaluation of benzoic acid (E 210), sodium benzoate (E 211), potassium benzoate (E 212) and calcium benzoate (E 213) as food additives* », EFSA *Journal*, vol. 14 (3), 2016, p. 4433.

Chapitre 8

- Lettre d'Erick M. Carreira : la source d'origine n'est plus accessible, mais la lettre a été diffusée et circule depuis sur internet. On en trouve par exemple une photo sur http://www.chemistry-blog.com/tag/carreira-letter/ ; [NdT : la citation a été traduite de l'original en anglais.]

Chapitre 9

- Zeng X.-N., *et al.*, « *Analysis of characteristic odors from human male axillae* », *Journal of Chemical Ecology*, vol. 17 (7), 1991, p. 1469-1492.
- Fredrich E., Barzantny H., Brune I., et Tauch A., « *Daily battle against body odor : towards the activity of the axillary microbiota* », *Trends in Microbiol*, vol. 21 (6), 2013, p. 305-312.
- « *The Chemistry of Body Odours – Sweat, Halitosis, Flatulence & Cheesy Feet* », *Compound Interest*, 14 avril 2014. Voir https://www.compoundchem.com/2014/04/07/the-chemistry-of-body-odours-sweat-halitosis-flatulence-cheesy-feet/
- Suarez F. L., Springfield J., et Levitt M. D., « *Identification of gases responsible for the odour of human flatus and evaluation of*

a device purported to reduce this odour », *Gut*, vol. 43 (1), 1998, p. 100-104.

- Fromm E., et Baumann E., « *Ueber Thioderivate der Ketone* », *Berichte der deutschen chemischen Gesellschaft*, vol. 22 (1), 1889, p. 1035-1045.
- Baumann E., et Fromm E., « *Ueber Thioderivate der Ketone* », *Berichte der deutschen chemischen Gesellschaft*, vol. 22 (2), 1889, p. 2592-2599.
- Krewski D., Rondeau V., *et al.*, « *Human health risk assessment for aluminium, aluminium oxide, and aluminium hydroxide* », *Journal of Toxicology and Environmental Health, Part B*, vol. 10 (S1), 2007, p. 1-269.
- Bundesinstitut für Risikobewertung, « *Aluminiumhaltige Antitranspirantien tragen zur Aufnahme von Aluminium bei. Stellungnahme Nr.007/2014* ». Voir http://www.bfr.bund.de/cm/343/aluminiumhaltige-antitranspirantien-tragen-zur-aufnahme-von-aluminium-bei.pdf.
- Callewaert C., Boon N., *et al.*, « *Microbial odor profile of polyester and cotton clothes after a fitness session* », *Applied and Environmental Microbiology*, 2014, AEM-01422.

Chapitre 10

- Hampson N. B., Pollock N. W., et Piantadosi C. A., « *Oxygenated water and athletic performance* », *JAMA*, vol. 290 (18), 2003, p. 2408-2409.
- Eweis D. S., Abed F., et Stiban J., « *Carbon dioxide in carbonated beverages induces ghrelin release and increased food consumption in male rats : Implications on the onset of obesity* », *Obesity Research & Clinical Practice*, vol. 11 (5), 2017, p. 534-543.

- Vartanian L. R., Schwartz M. B., et Brownell K. D., « *Effects of soft drink consumption on nutrition and health : a systematic review and meta-analysis* », *American Journal of Public Health*, vol. 97 (4), 2007, p. 667-675.
- Mourao D. M., Bressan J., Campbell W. W., et Mattes R. D., « *Effects of food form on appetite and energy intake in lean and obese young adults* », *International Journal of Obesity*, vol. 31 (11), 2007, p. 1688.

Chapitre 11

- Baggott M. J., De Wit H., *et al.*, « *Psychopharmacology of theobromine in healthy volunteers* », *Psychopharmacology*, vol. 228 (1), 2013, p. 109-118.
- Judelson D. A., Lieberman H. R., *et al.*, « *Effects of theobromine and caffeine on mood and vigilance* », *Journal of Clinical Psychopharmacology*, vol. 33 (4), 2013, p. 499-506.
- Mumford G. K., Griffiths R. R., *et al.*, « *Discriminative stimulus and subjective effects of theobromine and caffeine in humans* », *Psychopharmacology*, vol. 115 (1-2), 1994, p. 1-8.
- Li X., Brand J. G., *et al.*, « *Cats lack a sweet taste receptor* », *The Journal of Nutrition*, vol. 136 (7), 2006, p. 1932S-1934S.
- Li X., Brand J. G., *et al.*, « *Analyses of sweet receptor gene (Tas1r2) and preference for sweet stimuli in species of Carnivora* », *Journal of Heredity*, vol. 100 (S1), 2009, p. 90-100.
- Huth P. J., « *Do ruminant trans fatty acids impact coronary heart disease risk ?* », *Lipid Technology*, vol. 19 (3), 2007, p. 59-62.
- Joint FAO/WHO Expert Consultation, « *Fats and fatty acids in human nutrition* », *Annals of Nutrition and Metabolism*, vol. 55 (1-3), 2009, p. 5-300.

- Nishida C., et Uauy R., « *WHO Scientific Update on health consequences of trans fatty acids : introduction* », *European Journal of Clinical Nutrition*, vol. 63 (S2), 2009, p. 1-4.
- Simopoulos A. P., Leaf A., et Salem Jr N., « *Essentiality of and recommended dietary intakes for omega-6 and omega-3 fatty acids* », *Annals of Nutrition and Metabolism*, vol. 43 (2), 1999, p. 127-130.
- Servick K., *The war on gluten*, 2018.
- Catassi C., Francavilla R., *et al.*, « *Non-celiac gluten sensitivity : the new frontier of gluten related disorders* », *Nutrients*, vol. 5 (10), 2013, p. 3839-3853.
- Bomgardner M. M., « *The problem with vanilla* », *Chemical & Engineering News*, vol. 94 (36), 2016, p. 38-42.

Chapitre 12

- L'interview de Richard Feynman est disponible sur YouTube : https://youtu.be/ZbFM3rn4ldo ; [NdT : la citation est traduite de l'original en anglais].
- Marazziti D., et Canale D., « *Hormonal changes when falling in love* », *Psychoneuroendocrinology*, vol. 29 (7), 2004, p. 931-936.
- Mercado E., et Hibel L. C., « *I love you from the bottom of my hypothalamus : The role of stress physiology in romantic pair bond formation and maintenance* », *Social and Personality Psychology Compass*, vol. 11 (2), 2017, e12298.
- Cohen S., Janicki-Deverts D., Turner R. B., et Doyle W. J., « *Does hugging provide stress-buffering social support ? A study of susceptibility to upper respiratory infection and illness* », *Psychological Science*, vol. 26 (2), 2015, p. 135-147.
- Murphy M. L., Janicki-Deverts D., et Cohen S., « *Receiving a hug is associated with the attenuation of negative mood that occurs on*

days with interpersonal conflict », *PLOS One*, vol. 13 (10), 2018, e0203522.

- Pedersen C. A., et Prange A. J., « *Induction of maternal behavior in virgin rats after intracerebroventricular administration of oxytocin* », *Proceedings of the National Academy of Sciences*, vol. 76 (12), 1979, p. 6661-6665.
- Cho M. M., DeVries A. C., Williams J. R., et Carter C. S., « *The effects of oxytocin and vasopressin on partner preferences in male and female prairie voles (Microtus ochrogaster)* », *Behavioral Neuroscience*, vol. 113 (5), 1999, p.1071.
- Williams J. R., Insel T. R., Harbaugh C. R., et Carter C. S., « *Oxytocin administered centrally facilitates formation of a partner preference in female prairie voles (Microtus ochrogaster)* », *Journal of Neuroendocrinology*, vol. 6 (3), 1994, p. 247-250.
- Baumgartner T., Heinrichs M., Vonlanthen A., Fischbacher U., et Fehr E., « *Oxytocin shapes the neural circuitry of trust and trust adaptation in humans* », *Neuron*, vol. 58 (4), 2008, p. 639-650.
- Ott V., Hallschmid M., *et al.*, « *Oxytocin reduces reward-driven food intake in humans* », *Diabetes*, 2013, DB_130663.
- Guzmán Y. F., Radulovic J., *et al.*, « *Fear-enhancing effects of septal oxytocin receptors* », *Nature Neuroscience*, vol. 16 (9), 2013, p. 1185.
- Guzmán Y. F., Radulovic J., *et al.*, « *Role of oxytocin receptors in modulation of fear by social memory* », *Psychopharmacology*, vol. 231 (10), 2014, p. 2097-2105.
- De Dreu C. K., Greer L. L., Van Kleef G. A., Shalvi S., et Handgraaf M. J., « *Oxytocin promotes human ethnocentrism* », *Proceedings of the National Academy of Sciences*, vol. 108 (4), 2011, p. 1262-1266.

- Guastella A. J., Hickie I. B., *et al.*, « *Intranasal oxytocin improves emotion recognition for youth with autism spectrum disorders* », *Biological Psychiatry*, vol. 67 (7), 2010, p. 692-694.
- Young L. J., et Barrett C. E., « *Can oxytocin treat autism ?* », *Science*, vol. 347 (6224), 2015, p. 825-826.
- Owen S. F., Tsien R. W., *et al.*, « *Oxytocin enhances hippocampal spike transmission by modulating fast-spiking interneurons* », *Nature*, vol. 500 (7463), 2013, p. 458.

Chapitre 13

- Wall T. L., Thomasson H. R., Schuckit M. A., et Ehlers C. L., « *Subjective feelings of alcohol intoxication in Asians with genetic variations of ALDH2 alleles* », *Alcoholism : Clinical and Experimental Research*, vol. 16 (5), 1992, p. 991-995.
- Cook T. A., Wall T. L., *et al.*, « *Associations of ALDH2 and ADH1B genotypes with response to alcohol in Asian Americans* », *Journal of Studies on Alcohol*, vol. 66 (2), 2005, p. 196-204.
- Boffetta P., et Hashibe M., « *Alcohol and cancer* », *The Lancet Oncology*, vol. 7 (2), 2006, p. 149-156.
- Organisation mondiale de la santé, *Global status report on alcohol and health 2018*, 2018.
- Bhandage A. K., « *Glutamate and GABA signalling components in the human brain and in immune cells* », *Digital Comprehensive Summaries of Uppsala Dissertations from the Faculty of Medicine*, n° 1218, 2016, 81 p.
- Boileau I., Dagher A., *et al.*, « *Alcohol promotes dopamine release in the human nucleus accumbens* », *Synapse*, vol. 49 (4), 2003, p. 226-231.

- Cordell B., et McCarthy J., « *A case study of gut fermentation syndrome (auto-brewery) with Saccharomyces cerevisiae as the causative organism* », *International Journal of Clinical Medicine*, vol. 4 (07), 2013, p. 309.

INDEX

A

abaissement du point de congélation 210
acétaldéhyde 227, 230
acétate 227
acide 50, 140, 172
acide acétique 227
acide benzoïque 142
acide caproïque 163
acide carbonique 188
acide carboxylique 142, 226
acide chlorhydrique 34
acide citrique 145
acide fluorhydrique 34
acide gamma-aminobutyrique (GABA) 223, 234
acide gras 61, 163, 198
  cis 201
  essentiel 204
  insaturé 163, 198
  mono-insaturé 198
  polyinsaturé 198
  saturé 163, 198
  trans 201
acides aminés 208, 228
acides gras 164
acide sorbique 141
acide trans-3-méthyl-2-hexanoïque (TMHA) 163
ACTH 17
adénosine 129
adénosine triphosphate (ATP) 130
ADN 29, 48, 156, 227
adrénaline 16
Albius (Edmond) 211
alcalin (métal) 44, 114
alcool 57, 69, 139, 174, 225
  intolérance 139, 225
alcool déshydrogénase (ADH) 227
aldéhyde déshydrogénase (ALDH2) 227
aluminosilicate (verre) 114
amour 216
amphiphile 58, 196
anion 44, 51, 153
anode 117

antioxydant 140
antitranspirant 173
assis 67
atome 21
  ionisé 159
autisme 224
aveugle 85, 203

B

bactéries 49, 56, 137, 174
Baddeley (Benjamin) 68
base 61, 172
batterie 116
batteries lithium-ion 116
benzoate 142
beurre 197
bouillir 95

C

cacao 194
caféine 20, 129, 194
câlin 219
carbone 111
caries 50
Carreira (Erick M.) 150
catalyseur 138
cathode 117
cation 44
chaos 80
charge partielle 157
chimie
  inorganique 110
  organique 110, 164
  physique 110
chlore 34
chlorure de sodium 45, 153
chocolat 49, 95, 188, 194
conducteur thermique 26, 94, 159
configuration des gaz nobles 103
conservateur 137, 188
contrôle (essai) 83
cortisol 15, 126
créativité 88
cristal ionique 154
cyclodextrine 175

D

dénaturation 208
densité de l'air 90
densité électronique 157
dentifrice 34
déodorant 173
dépression 68, 127
désordre 99
dimère 103
dipôle 180
distillation 178
double aveugle 85

E

eau 21, 57, 94, 146, 157, 173, 205
- anomalie de densité 182
- gelée 183

eau à l'oxygène 186
ébullisme 95
électrode 117
électrolyte 117
électron 36, 103
- de valence 40, 42
- périphérique 40

électronégativité 157
émulsifiant 197
entropie 99
enzyme 138, 227
épiphyse 14, 16, 53, 127
équilibre des charges 119
essai randomisé contrôlé (ERC) 82
états de la matière 181, 206
éthanol 57, 226
éther 63
études psychologiques 82

F

Feynman (Richard) 216
flatulences 166
fluor 33, 34, 103
fluorapatite 51
fluorose dentaire 53
fluorose du squelette 52
fluorure de sodium 45, 153
fluorures 34
fondant au chocolat 194

G

gaz 23, 34, 90
gaz d'électrons 158
gaz nobles 102
- configuration 103
- règle 103

gaz protecteur 103
gènes 29, 227
glace 23, 182, 210
gliadines 207
glucide 48, 196
gluten 206
gluténines 207
Goodenough (John) 122
Gorilla Glass 114
graisse 56, 138, 196
graphite 118
groupe acide 61

H

halogènes 34
Hanrahan (Karen) 145
horloge interne 19, 28
hormone 16, 127

huile 56
hydrogénation 202
hydrophile 57, 196
hydrophobe 56, 196
hydroxyapatite 50
hydroxyde 51
hygroscopie 209

I

interface 57, 197
ion 43
ivresse 233

L

lanthanides 112
LeBlanc (Jim) 97
levures 142, 232
liaison
- atomique 155
- chimique 153
- covalente 155
- double 163, 198, 199
- hydrogène 181
- ionique 153
- métallique 158
- polaire 157
- simple 163, 199

Liljenquist (Katie) 81
liquide 23, 95, 178, 200

M

maladie cœliaque 206
maladies non transmissibles (MNT) 69
mécanique quantique 40
mélatonine 14
métaux rares 112
méthanol 226
méthodes scientifiques 82
micelles 59
microbiome 56
modèle de l'électron libre 158
modèle des couches électroniques 39
modèle des particules 21
monomère 48, 103

N

neurone 127
neurotransmetteur 127, 223
neutron 36
nocebo 84, 206
Normann (Wilhelm) 202
numéro atomique 36

O

ocytocine 221
odeur 34, 81, 142, 163
œufs 208
oméga 3 204

oméga 6 204
or 36
oxydation 120, 137, 226
oxyde de cobalt et de lithium 118
oxygène 36, 89, 103, 138, 157, 180, 228

P

paper 132
Paracelse 52
pâtisserie 193, 206
peau 56, 95, 174
peer review 132
physique quantique 40
placebo 83
plaque dentaire 49
polarité 157
polymère 48
polyphénol 138
polysaccharide 48
polytétrafluoroéthylène (PTFE) 35
pont hydrogène 181
postdoc 105, 134
potassium 61, 114
précipitation 174
pression atmosphérique 91
principe de conservation de l'énergie 25
probabilité 99
prophétie autoréalisatrice 83
protéine 29, 138, 174, 207, 228
proton 36

R

réaction de combat-fuite 126, 218
récepteur 127, 195
recherche 72, 107
redox 122, 154
réduction 120
règle de l'octet 42
règle des gaz nobles 103
reproductibilité 82, 224
rythme circadien 14

S

saponification 60
Savage (Adam) 132
savon 56
sédentarité 67
sérotonine 126
smartphone 112
Smart Water 177
sodium laureth sulfate 63
sodium (Na) 44
solide 23, 182, 200
solvant 122, 172, 186, 231
sommeil 14

sorbate 141
soude caustique 62
sport 70
stage 165
stress 13, 218
structure cristalline métallique 159
structure primaire 229
sucre 49, 146, 190, 195, 207
sueur 57, 163
surrénales 16, 127
synapse 127
synthèse 165

T

Téflon 35
température 23, 90, 139, 182, 196, 232
température ambiante 25, 90, 205
tensioactif 56, 185, 196
tension superficielle 59, 184
terres rares 112
théobromine 194
théorie de la vitre brisée 87
thermodynamique
  deuxième principe 27
  premier principe 25
  troisième principe 94
thioacétone 169
titrage acide-base 172
trac 218
triglycéride 60, 198

V

vanille 210
vanilline 211
vide 92
vitamine C 140
Vohs (Kathleen) 81
volatil 164

Y

Yogeshwar (Ranga) 107

Z

zéro absolu 92

TABLEAU PÉRIODIQUE DES ÉLÉMENTS

NUMÉRO DU GROUPE RECOMMANDATIONS DE L'IUPAC (1985) — 13
NUMÉRO DU GROUPE CHEMICAL ABSTRACT SERVICE (1986) — IIIA
NOMBRE ATOMIQUE — 5
MASSE ATOMIQUE RELATIVE (1) — 10.811
SYMBOLE — B
NOM DE L'ÉLÉMENT — BORE

PÉRIODE	GROUPE 1 IA	2 IIA	3 IIIB	4 IVB	5 VB	6 VIB	7 VIIB	8	9 VIIIB	10	11 IB	12 IIB	13 IIIA	14 IVA	15 VA	16 VIA	17 VIIA	18 VIIIA
1	1 1.008 **H** HYDROGÈNE																	2 4.0026 **He** HÉLIUM
2	3 6.94 **Li** LITHIUM	4 9.0122 **Be** BÉRYLLIUM											5 10.81 **B** BORE	6 12.011 **C** CARBONE	7 14.007 **N** AZOTE	8 15.999 **O** OXYGÈNE	9 18.998 **F** FLUOR	10 20.180 **Ne** NÉON
3	11 22.990 **Na** SODIUM	12 24.305 **Mg** MAGNÉSIUM											13 26.982 **Al** ALUMINIUM	14 28.085 **Si** SILICIUM	15 30.974 **P** PHOSPHORE	16 32.06 **S** SOUFRE	17 35.45 **Cl** CHLORE	18 39.948 **Ar** ARGON
4	19 39.098 **K** POTASSIUM	20 40.078 **Ca** CALCIUM	21 44.956 **Sc** SCANDIUM	22 47.867 **Ti** TITANE	23 50.942 **V** VANADIUM	24 51.996 **Cr** CHROME	25 54.938 **Mn** MANGANÈSE	26 55.845 **Fe** FER	27 58.933 **Co** COBALT	28 58.693 **Ni** NICKEL	29 63.546 **Cu** CUIVRE	30 65.38 **Zn** ZINC	31 69.723 **Ga** GALLIUM	32 72.64 **Ge** GERMANIUM	33 74.922 **As** ARSENIC	34 78.971 **Se** SÉLÉNIUM	35 79.904 **Br** BROME	36 83.798 **Kr** KRYPTON
5	37 85.468 **Rb** RUBIDIUM	38 87.62 **Sr** STRONTIUM	39 88.906 **Y** YTTRIUM	40 91.224 **Zr** ZIRCONIUM	41 92.906 **Nb** NIOBIUM	42 95.95 **Mo** MOLYBDÈNE	43 (98) **Tc** TECHNÉTIUM	44 101.07 **Ru** RUTHÉNIUM	45 102.91 **Rh** RHODIUM	46 106.42 **Pd** PALLADIUM	47 107.87 **Ag** ARGENT	48 112.41 **Cd** CADMIUM	49 114.82 **In** INDIUM	50 118.71 **Sn** ÉTAIN	51 121.76 **Sb** ANTIMOINE	52 127.60 **Te** TELLURE	53 126.90 **I** IODE	54 131.29 **Xe** XÉNON
6	55 132.91 **Cs** CÉSIUM	56 137.33 **Ba** BARYUM	57-71 **La-Lu** Lanthanides	72 178.49 **Hf** HAFNIUM	73 180.95 **Ta** TANTALE	74 183.84 **W** TUNGSTÈNE	75 186.21 **Re** RHÉNIUM	76 190.23 **Os** OSMIUM	77 192.22 **Ir** IRIDIUM	78 195.08 **Pt** PLATINE	79 196.97 **Au** OR	80 200.59 **Hg** MERCURE	81 204.38 **Tl** THALLIUM	82 207.2 **Pb** PLOMB	83 208.98 **Bi** BISMUTH	84 (209) **Po** POLONIUM	85 (210) **At** ASTATE	86 (222) **Rn** RADON
7	87 (223) **Fr** FRANCIUM	88 (226) **Ra** RADIUM	89-103 **Ac-Lr** Actinides	104 (267) **Rf** RUTHERFORDIUM	105 (268) **Db** DUBNIUM	106 (271) **Sg** SEABORGIUM	107 (272) **Bh** BOHRIUM	108 (277) **Hs** HASSIUM	109 (276) **Mt** MEITNERIUM	110 (281) **Ds** DARMSTADTIUM	111 (280) **Rg** ROENTGENIUM	112 (285) **Cn** COPERNICIUM	113 (285) **Nh** NIHONIUM	114 (287) **Fl** FLÉROVIUM	115 (289) **Mc** MOSCOVIUM	116 (291) **Lv** LIVERMORIUM	117 (294) **Ts** TENNESSE	118 (294) **Og** OGANESSON

LANTHANIDES

57 138.91 **La** LANTHANE	58 140.12 **Ce** CÉRIUM	59 140.91 **Pr** PRASÉODYME	60 144.24 **Nd** NÉODYME	61 (145) **Pm** PROMÉTHIUM	62 150.36 **Sm** SAMARIUM	63 151.96 **Eu** EUROPIUM	64 157.25 **Gd** GADOLINIUM	65 158.93 **Tb** TERBIUM	66 162.50 **Dy** DYSPROSIUM	67 164.93 **Ho** HOLMIUM	68 167.26 **Er** ERBIUM	69 168.93 **Tm** THULIUM	70 173.05 **Yb** YTTERBIUM	71 174.97 **Lu** LUTÉTIUM

ACTINIDES

89 (227) **Ac** ACTINIUM	90 232.04 **Th** THORIUM	91 231.04 **Pa** PROTACTINIUM	92 238.03 **U** URANIUM	93 (237) **Np** NEPTUNIUM	94 (244) **Pu** PLUTONIUM	95 (243) **Am** AMÉRICIUM	96 (247) **Cm** CURIUM	97 (247) **Bk** BERKÉLIUM	98 (251) **Cf** CALIFORNIUM	99 (252) **Es** EINSTEINIUM	100 (257) **Fm** FERMIUM	101 (258) **Md** MENDELÉVIUM	102 (259) **No** NOBÉLIUM	103 (262) **Lr** LAWRENCIUM

www.periodni.com

(1) Atomic weights of the elements 2013, Pure Appl. Chem., **88**, 265-291 (2016)

Cet ouvrage a été mis en page par IGS-CP (16)
Achevé d'imprimer en France
par Normandie Roto s.a.s. (61250 Lonrai) en juillet 2019.

N° d'impression : 1902957